【现代种植业实用技术系列】

新型肥料及其应用关键技术

主　　编　孙义祥
副 主 编　袁嫚嫚　邬　刚　王家宝
编写人员　何苇竹　刘　闯　商文婧
　　　　　孙义祥　孙志立　王成顺
　　　　　王家宝　邬　刚　袁嫚嫚

时代出版传媒股份有限公司
安徽科学技术出版社

图书在版编目(CIP)数据

新型肥料及其应用关键技术 / 孙义祥主编. --合肥：安徽科学技术出版社，2022.12(2023.11 重印)
助力乡村振兴出版计划. 现代种植业实用技术系列
ISBN 978-7-5337-6941-3

Ⅰ.①新… Ⅱ.①孙… Ⅲ.①肥料-研究 Ⅳ.①S14

中国版本图书馆 CIP 数据核字(2022)第 214636 号

新型肥料及其应用关键技术 主编 孙义祥

出 版 人：王筱文 选题策划：丁凌云 蒋贤骏 王筱文 责任编辑：蔡琴凤
责任校对：吴 玲 责任印制：梁东兵 装帧设计：王 艳
出版发行：安徽科学技术出版社 http://www.ahstp.net
(合肥市政务文化新区翡翠路 1118 号出版传媒广场，邮编：230071)
电话：(0551)63533330
印 制：安徽联众印刷有限公司 电话：(0551)65661327
(如发现印装质量问题，影响阅读，请与印刷厂商联系调换)

开本：720×1010 1/16 印张：9.75 字数：127 千
版次：2022 年 12 月第 1 版 印次：2023 年 11 月第 3 次印刷

ISBN 978-7-5337-6941-3 定价：35.00 元

“助力乡村振兴出版计划”编委会

【现代种殖业实用技术系列】

（本系列主要由安徽省农业科学院组织编写）

出版说明

"助力乡村振兴出版计划"(以下简称"本计划") 以习近平新时代中国特色社会主义思想为指导，是在全国脱贫攻坚目标任务完成并向全面推进乡村振兴转进的重要历史时刻，由中共安徽省委宣传部主持实施的一项重点出版项目。

本计划以服务乡村振兴事业为出版定位，围绕乡村产业振兴、人才振兴、文化振兴、生态振兴和组织振兴展开，由《现代种植业实用技术》《现代养殖业实用技术》《新型农民职业技能提升》《现代农业科技与管理》《现代乡村社会治理》五个子系列组成，主要内容涵盖特色养殖业和疾病防控技术、特色种植业及病虫害绿色防控技术、集体经济发展、休闲农业和乡村旅游融合发展、新型农业经营主体培育、农村环境生态化治理、农村基层党建等。选题组织力求满足乡村振兴实务需求，编写内容努力做到通俗易懂。

本计划的呈现形式是以图书为主的融媒体出版物。图书的主要读者对象是新型农民、县乡村基层干部、"三农"工作者。为扩大传播面、提高传播效率，与图书出版同步，配套制作了部分精品音视频，在每册图书封底放置二维码，供扫码使用，以适应广大农民朋友的移动阅读需求。

本计划的编写和出版，代表了当前农业科研成果转化和普及的新进展，凝聚了乡村社会治理研究者和实务者的集体智慧，在此谨向有关单位和个人致以衷心的感谢！

虽然我们始终秉持高水平策划、高质量编写的精品出版理念，但因水平所限仍会有诸多不足和错漏之处，敬请广大读者提出宝贵意见和建议，以便修订再版时改正。

本册编写说明

肥料是粮食的"粮食",在粮食增产中的贡献率有40%~60%,在保障国家粮食安全中占据重要地位。长期以来,由于对肥料特性认识不够,盲目施肥现象普遍,成本增加的同时,给环境带来了不同程度的负面影响。近年来,随着人类对农产品需求量增多,对农产品安全和生态环境质量提出的更高要求;随着化肥使用零增长、化肥定额制等政策的出台及适度规模经营的推进,新型肥料产业快速发展。凡是克服或弥补了传统肥料的不足,具有更高肥效,更好的经济、环境和社会效益的肥料统称为新型肥料。新型肥料是在新形势下对传统肥料的提升与改变,表现在养分配比优化、肥料形态更新、新型材料应用、功能拓展或功效提高等方面,能够直接或间接地改善土壤理化性质,促进作物高产,提升农产品品质,提高肥料利用率等。

本书从生产实际入手,解读市场中流通的新型肥料的概念、特点,结合作物生长发育规律、养分需求规律和科学施肥的基本原理,助读者在了解基本知识的基础上能够学会运用科学原理指导新型肥料的应用,以增强新型肥料应用的科学性和安全性。

参加本书编写人员有:何苇竹(第八章)、刘闯(第八章)、商文婧(第六章、第七章)、孙义祥(第一章、第五章)、孙志立(第四章)、王成顺(第二章、第三章)、王家宝(第四章)、邬刚(第二章、第三章)、袁嫚嫚(第六章、第七章)。

本书的出版旨在服务新型农民、县乡村农技干部、"三农"工作者,促进他们对新型肥料的认识与科学应用,实现作物高产优质、资源高效和环境保护,助力乡村振兴。本书在编写过程中参考了一些同行的研究成果,得到了安徽省农业科学院相关部门的大力支持,在此一并表示感谢!

目　录

第一章　新型肥料发展现状

新型肥料是在传统肥料基础上采用新材料、新工艺、新设备、新配方形成的不同功能和效用的肥料。新型肥料不仅包括新型氮磷钾及中、微量等单质肥料，也包括无机复合肥，复合微生物肥料，控、缓释新型肥料，生物有机肥料和植物稳态营养肥料等。新型肥料能够直接或间接地为作物提供必需的营养成分，调节土壤酸碱度、改良土壤结构、改善土壤理化性质和生物学性质，调节或改善作物的生长，改善肥料品质和性质或提高肥料利用率。新型肥料当前多采用多种无机养分、有机无机或生物有机复合，一些肥料能够实现一季只用一次肥，不仅满足作物养分需要，而且能够实现省时、省工、提高工作效率；通过添加中、微量元素，新型肥料具有改土、促根、抗倒、壮秧、促分蘖等功能；通过新型肥料的施用，还能够实现减少温室气体排放。

第一节　传统肥料遇到的挑战

当前，由于肥料品种的针对性差，我国化肥施用过量和利用率不高的现象普遍存在，造成资源、能源浪费和环境污染等。滥用化肥，尤其氮肥和磷肥流失严重，造成水体富营养化；自20世纪30年代，我国开始施用氮肥，促进了农业的增产丰收。20世纪70年代以后，在世界范围内化肥的污染开始被人们重视，2007年4月我国太湖发生大面积蓝藻水华、滇池水污染等也被很多人认为与农业施肥有关。我国约61%的内陆湖泊富营养化，近海“赤潮”，部分水域 “蓝藻”甚至威胁到国家的生态安全。虽然这些污染不完全是化肥直接造成的，但大量氮、磷等营养元素及其不合理利用增加了环境污染的可能性。化肥带来的污染也加速了温室气体排放。近年来，我国出现的大面积雾霾，其中PM2.5的组成中，NH_4^+是重要的成分，且主要来源于农业。氮肥施用造成NH_3、NO、N_2O等温室气体排放。由于肥料结构及施肥习惯不科学，造成土壤有机养分和微量元素缺失，土壤养分失衡并致使土壤质量变差，表现出土壤酸化、板结、盐碱化、土传病害、肥力减退、营养失衡等耕地质量问题。

第二节　新型肥料的机遇

党的十八大以来，党中央、国务院高度重视绿色发展，习近平总书记多次强调，“绿水青山就是金山银山”。2021年，农业农村部、国家发展改革委、科技部、自然资源部、生态环境部和国家林草局联合印发实施《“十四五”全国农业绿色发展规划》，促使了产地环境质量明显好转：化肥、农药使用量持续减少，农业废弃物资源化利用水平明显提高，农业面源污染得到有效遏制；农业生态系统明显改善：耕地生态得到恢复，生物多样性得到有效保护，农田生态系统更加稳定，森林、草原、湿地等生态功能不断增强；绿色产品供给明显增加：农业标准化清洁化生产加快推行，农产品质量安全水平和品牌农产品占比明显提升，农业生态服务功能大幅提高；固碳减排能力明显增强：主要农产品温室气体排放强度大幅降低，农业固碳减排和应对气候变化能力不断增强，农业用能效率有效提升。

随着科学技术的发展，肥料领域将进入智能化发展阶段。目前来看，传统肥料的局限性越来越突出，过度施肥、低肥料利用率等情况越发引起研究人员关注，所以对环保高效的新型肥料的研究也是现代农业发展的必然要求。

农业农村部印发《农业绿色发展技术导则（2018—2030）》，着力构建支撑农业绿色发展的技术体系，大力推动生态文明建设和农业绿色发展，对农业科技创新提出了更高、更新的要求。化肥过量使用导致农业生产成本上涨、生态系统退化以及环境问题突出，研发一批绿色高效的缓控释肥、液体肥、功能性肥料、生物肥料、肥料增效剂、新型土壤调理剂等新型肥料尤为重要。这些都有助于实现农业生产生活生态协调统一、持续发展，形成节约资源和保护环境的空间格局。

新型肥料特性：①肥料功能的拓展或功效的提高；②肥料形态的更新；③肥料施用方式的更新；④绿色环境友好。现阶段，我国的新型肥料大致可以划分为四大类：缓/控释肥、微生物肥料、水溶肥和土壤改良剂类肥料。

在百年未有之大变局中，在经济双循环的大形势下，我国已经制定出2030年前“碳达峰”、2060 年前“碳中和”的环境目标，有利于环境、动植物和人类健康的新型肥料势必得到更多关注和支持。环保要求提升肥料利用率，改善土壤的物理化学性质，我国农业高集约化发展已上升到国家高度。提升农产品品质也是全民关注的话题。随着土地流转的纵深推进，终端消费群体发生重大变化，个性需求进一步加大。近年来，我国复合肥料企业数量大幅减少，掺混肥料、有机—无机复混肥料企业大幅增多。地方中小型企业的数量众多，有利于各地的差异化产品的生产和流通运输，也有利于“大配方、小调整”的差异化精量施肥，为配方肥的推广提供了保证。随着“机械施肥”“灌溉施肥”等一系列新技术的应用，配套的新型肥料成了当今肥料发展的重要需求。腐殖酸水溶肥料具有改良培肥土壤，提高肥料利用率，提高作物的抗逆性，促进作物生长，提高作物产量，改善产品品质等特点，已经成为水溶肥的发展重点。

第二章 新型氮肥主要类型及其应用关键技术

氮素是作物生长发育过程中必需的大量元素之一，氮素对作物最终产量的贡献为40%~50%，是植物体内蛋白质、核酸、磷脂、酶、维生素、生物碱和某些生长激素（如生长素、细胞分裂素）的重要组分之一，而蛋白质、核酸、磷脂等又是组成细胞质、细胞核和生物膜的基本物质，因此氮被称为生命元素。氮肥的施用是作物补充氮肥营养的重要保障，在生产中，氮肥的重要性仅次于水。据有关资料统计，我国单位面积施肥量是世界平均量的1.6倍，许多国家的氮肥利用率为50%~60%，而我国的氮肥利用率为30%~35%。而近十年来，随着控制化肥用量的环境立法在各国越来越受重视，世界普通化肥用量出现负增长，但是新型缓/控释肥料消费量每年以高于5%的速度增长。近二十年来，日、美等国对聚合物包膜控制释放肥料的消费量年平均增长速度为常规肥料的10倍以上。因此新型氮肥的开发、应用及推广必定成为氮肥发展的新趋势。

新型氮肥是指在物理、化学或生物作用下，其营养功能得到增强的含氮素肥料。这个定义包含三个方面：首先是氮肥能直接或间接提供植物氮素养分；其次，除了营养功能，还强调具备新功能，包括缓释控释、生物促进、有机高效、生长调节、养分增效等；最后是采用最新科技手段制备新产品或对传统肥料生产技术进行了革新。新型氮肥一方面强调对现有肥料进行加工改性，使其营养功能得到提高和增强，所制备的新肥料品种在营养功能和综合性能上比常规化肥有所提升；另一方面新型氮肥的含义又超出了常规氮肥的范畴。目前，新型氮肥主要类型包括包衣尿素、稳定性尿素、聚合氨基酸尿素、脲醛类肥料、多态尿素、硝酸铵钙、尿素-硝酸铵溶液等。

第一节　硫包衣尿素及其应用关键技术

一　硫包衣尿素概况

硫包衣尿素(sulfur coated urea,SCU)是一种用物理包被法生产的肥料。硫包衣尿素是最早产业化应用的包膜肥料。1957年美国田纳西河谷管理局(TVA)肥料发展中心开始涂硫工艺研究,1968年正式商业化生产,最初的规模为每小时70千克试验性生产线,1971年建成每小时900千克的生产线,直到1978年TVA启动建成每小时9吨的大型工厂化生产线,实现了产业化。其生产工艺流程是典型的三转鼓组合工艺:首先将颗粒尿素过筛,以获得大小适宜的原料。将过筛尿素通过提升机进入流化床预热器。经过旋风除尘后,尿素从预热器借助重力进入涂硫转鼓,熔融硫再从多喷嘴喷到尿素上;涂硫尿素在70℃左右直接送到涂封闭剂的转鼓,用3%熔融蜡与0.2%煤焦油混合物作为封闭剂喷涂到涂硫尿素颗粒上。然后将这些物料送到第二转鼓(调理鼓),使用1.8%硅藻土作为调理剂,防止尿素颗粒间相互黏结成团,在冷风作用下冷却,蜡固化;冷却至40℃左右,将黏结成团的大颗粒筛分去除,即得到硫包衣尿素产品。硫包衣尿素产品含氮量根据硫涂层厚薄不同而异,其中含氮30%~38%、含硫15%~25%。

二　硫包衣尿素特性

硫包衣尿素是通过在尿素外面包裹硫黄,微晶蜡密封剂而制成的包裹式型缓释肥料,养分释放持续、稳定,满足作物的营养需求,实现增产、高质。颜色独特,肥料近中性,适宜各类土壤和作物。特有的硫养分,能控制养分释放速率。

硫作为第四大营养元素,硫包衣尿素可以补充硫养分,提高作物品质、增强抗性,氮硫协同增效;它的包膜厚度通常为30微米,不会迅速氧化，硫的粒径为10微米左右，更易于施用当年转化成作物可吸收的硫酸盐，翻动土壤会使硫包膜破裂成小颗粒；能够满足农作物生长对不同养分的需求，持续供应作物氮营养，多种养分释放模式调节，满足不同作物不同生育阶段的养分需求，使作物稳健生长；减少肥料损失，减少淋洗，减少挥发，且低碳环保，肥料利用率高，减少肥料用量，节肥节能，例如，水稻对尿素的利用率约为30%，而硫包衣尿素的利用率为50%~60%；增产效果明显，通过肥料外包膜控制养分释放，使作物养分供应平稳有规律，促进农作物稳产高产；省时省力，可以解放劳动力；长期使用可以改善土壤，养分释放完后的空壳既可蓄水保墒，又能起到通气保肥作用，使长期板结的土壤变得疏松；施用安全，低盐分指数，不会烧苗，减少氮素在土壤中的累积，降低其盐渍化程度；杀虫、抑制病菌，提高土壤和植物抗性；可作为掺混肥料的原料，提供缓释氮源，消除普通尿素吸湿结块，防止与其他原料反应，提高了可混性，扩大了配伍范围。此外，与聚合物包膜肥料相比，其膜材本身具有可降解性，是植物必需的中量营养元素，不存在二次污染。

三 硫包衣尿素应用关键技术

硫包衣尿素可以作为底肥，也可做追肥，具体施用方法如下：

小麦：可做底肥和追肥，在土壤肥力较高的地块做底肥亩施30~35千克，做追肥亩施15~20千克，施底肥可在犁地后撒入犁沟，追肥可用耧沟施于小麦行间。低肥麦田可适当提前追施，高肥地麦苗生长肥可适当推迟追肥期，小麦生长不旺的麦田可在2月中旬追施。

水稻：秧田2~3叶1心时每亩（1亩约合666.7平方米）施4~5千克硫包衣尿素，在移栽前3~4天，亩施7~8千克，水稻分蘖至拔节期亩施硫包衣尿素16~18千克，孕穗至灌浆期亩施10~13千克。

玉米：夏玉米在拔节前亩追施硫包衣尿素15~17千克，在大喇叭口期亩追施30~36千克。

油菜：在3月下旬蕾薹期，高肥地每亩追施硫包衣尿素20~26千克，薄地油菜田追施25~30千克。

大蒜：在开春后3月份亩追施硫包衣尿素20~25千克，抽蒜薹后亩追30千克。

棉花：亩施25~30千克硫包衣尿素和30~40千克磷肥做底肥，在棉花花铃期7月中旬亩追施硫包衣尿素30~35千克，在棉株坐桃2~3个大铃开始追施。

西瓜：整地施底肥时，每亩施腐熟完全的有机肥1000千克，硫包衣尿素25千克，磷肥30千克和钾肥10~15千克，在瓜秧定植后10天每亩用7~8千克硫包衣尿素兑水以株为单位围根点浇，以促进根的生长，在幼瓜生长到鸡蛋大时每亩追施20~25千克的硫包衣尿素、10千克过磷酸钙与10~15千克钾肥，一起混合开沟穴施。

硫包衣尿素施入土壤后，在微生物作用下，使包膜中的硫逐步氧化，颗粒分解而释放氮素。硫被氧化后，产生硫酸，从而导致土壤酸化。故水稻田不宜大量施用硫包氮肥，其适于在缺硫土壤上施用。硫包衣尿素的氮素释放速率与土壤微生物活性密切相关，一般低温、干旱时释放较慢，因此冬天施用应配施速效氮肥。

第二节　树脂包衣尿素及其应用关键技术

一　树脂包衣尿素概况

树脂包衣尿素是利用高分子材料在尿素颗粒表面形成一层薄膜，定量控制尿素中养分释放数量和释放期，使养分供应与作物各生育期需肥规律相吻合的肥料。第一个商业化生产的树脂包膜控释肥为醇酸树脂类包膜肥料。该产品于1967年在美国加利福尼亚州生产，是一种二环戊二烯与丙三醇酯共聚生成的醇酸树脂类聚酯。另外一类高分子材料是聚氨酯类包膜，聚氨酯（PU）全称为聚氨基甲酸酯，是主链上含有重复氨基甲酸酯基团的大分子化合物的统称，用途非常广泛，可以代替橡胶、塑料、尼龙等材料，并能作为黏结剂、涂料和合成皮革等应用于各行各业。

二 树脂包衣尿素应用特点及提高肥料利用率的途径

应用特点：①树脂包衣尿素的养分释放是缓慢进行、匀速释放的，并可人为调整养分的释放时间；②在土壤中的释放速率在作物能正常生长的条件下，基本不受土壤其他环境因素的影响，只受土壤温度的控制；③土壤温度变化时控释肥料养分的释放量可人为调整。

掌握树脂包衣尿素养分释放的特性，就可以根据这些特性调整其施用方法，达到提高肥料利用率的目的。调整肥料养分的释放曲线，做到肥料养分的释放与作物对养分的需求相结合。作物对养分的需求曲线，一般是中间高两头低，苗期由于作物个体较小，对养分需求较少。随着作物生长加快、个体增大，对养分的需求迅速增加。生长后期由于生长变慢和某些养分在作物体内转移，对某些养分的需求减少。在北方地区，特别是春季播种的作物，在播种初期气温较低，控释肥料养分释放较慢，而后气温升高，养分释放加快，后期肥料膜内养分浓度变为不饱和溶液，释放速率减慢。根据作物需肥时期的长短，选择合适释放时间的控释肥料，就可满足作物不同生育期的养分需求。这样，在作物需肥高峰时，肥料养分释放多；作物需肥较少时，肥料养分释放少，避免养分的损失，达到提高肥料利用率的目的。

三 树脂包衣尿素应用关键技术

通常生产中根据不同作物的营养特性将树脂包衣尿素与磷、钾肥按照一定的比例掺混使用。在旱地作物上：缓释性掺混肥料一般用作基肥，并且不需要进行追肥；施肥深度在10~15厘米。施肥量可以根据土壤肥力状况以及目标产量决定。可以根据作物需肥量及肥料养分量计算适宜的施肥量。一般来说，普通肥力水平上，每亩施30~50千克，可保证作物获得较高的产量。玉米可采用全层施肥法，也可以采用侧位施肥法和种间施肥法。肥料与种子间隔5~7厘米。小麦可以在播种前，结合整地一次性基

施。棉花也可结合整地一次性基施,可以有效地解决棉花需要多次施肥的难题。

水稻主要采取全层施肥法, 即在整地时将肥料一次基施于土壤中,使肥料与土壤在整地过程中混拌均匀,再进行放水泡田,一般不需要追肥,在安徽江淮之间籼稻生产中每亩推荐施用28-9-13(缓释型)35~40千克,后期根据作物长势酌情追施。

第三节 稳定性尿素及其应用关键技术

一 稳定性尿素概况

稳定性尿素是在普通尿素中添加脲酶抑制剂、硝化抑制剂等抑制氮素在土壤中的转化而达到缓释目的。普通尿素在施入土壤后虽然可以迅速溶解于溶液中,但被作物根系直接吸收的量很少。尿素只有在土壤脲酶的作用下,水解成铵态氮后才可被大量吸收。一般农田土壤都有一些脲酶存在,尤其是那些含有机质多的高肥力土壤更是不缺脲酶。所以普通尿素施入土壤后会较快转化成铵态氮供作物吸收利用。当然,温度高低和不同季节对土壤中尿素转化的速度影响是很大的。尿素一经水解成铵态氮后,如果作物尚处于苗期吸收氮很少,这时大量游离氨的存在有可能会造成氮素损失和降低利用率。因此,通过添加脲酶抑制剂来推迟尿素水解的时间,以延长其肥效。

在尿素生产过程中加入脲酶抑制剂和硝化抑制剂,可抑制土壤中脲酶和硝化细菌的活性,延缓尿素施入土壤后的水解反应和铵态氮的硝化反应,以及减少反硝化反应的发生,从而减少氮养分的流失;加入氨稳定剂,可使尿素因水解而产生的氨,经氨稳定剂的吸附,并缓慢释放给作物吸收利用,可减少60%氮素流失造成的环境面源污染,从而进一步提高氮的利用率,即提高尿素的肥效;加入的抑制剂当年降解率为75%~99%,土壤中无累积残留。在保持尿素氮含量不降低的情况下，在农业施用中能够将氮养分缓慢释放，满足作物生长发育对氮素的需求，是一个长效增效氮肥品种。常见的抑制剂产品有双氰胺（DCD）、3，4-二甲基吡唑磷酸盐（DPMM）、正丁基硫代磷酰三胺（NBPT）、氢醌（HQ）等。

二 稳定性尿素作用机制

1.脲酶抑制剂作用机制

脲酶是在土壤中水解尿素的一种酶。当尿素施入土壤后，脲酶将其水解为铵态氮才能被作物吸收。脲酶抑制剂可以抑制尿素的水解速度，减少铵态氮的挥发和硝化。其作用机制：①脲酶抑制剂堵塞了土壤脲酶对尿素水解的活性位置，使脲酶活性降低。②脲酶抑制剂本身是还原剂，可以改变土壤中微生态环境的氧化还原条件，降低土壤脲酶的活性。③疏水性物质作为脲酶抑制剂，可以降低尿素的水溶性，减慢尿素的水解速率。④抗代谢物质类脲酶抑制剂打乱了能产生脲酶的微生物的代谢途径，使合成脲酶的途径受阻，降低了脲酶在土壤中分布的密度，从而使尿素的分解速度降低。⑤脲酶抑制剂本身是一些与尿素物理性质相似的化合物。在土壤中与尿素分子同步移动，保护尿素分子，使尿素分子免遭脲酶催化分解。在使用尿素的同时施加一定量的脲酶抑制剂，使脲酶的活性受到一定的限制，尿素分解的速度变慢，从而减少尿素的无效降解。

2.硝化抑制剂的作用机制

硝化抑制剂可以抑制土壤铵态氮向硝态氮的转化，减少硝态氮在土壤中的积累，从而减少铵态氮硝化所造成的各种污染问题。在硝化作用的两个阶段中，有些硝化抑制剂对铵氧化细菌产生毒性，导致NH_4^+氧化为NO_3^-的过程被抑制；有些硝化抑制剂可抑制硝化杆菌属细菌的活动，即抑制硝化反应过程中NO_2氧化为NO_3^-。这一步，有些还可以抑制反硝化作用。综上所述，脲酶抑制剂和硝化抑制剂的配合使用在作物的整个生长季起到很大的作用。脲酶抑制剂不仅能延缓尿素的水解，还能在一定程度上抑制尿素水解后的硝化过程。两者配合使用调节了尿素氮的转化过程，能延缓土壤中尿素的水解，并使水解后释出的氨在土壤中得以更多量和

更长时间的保持，还能减少土壤中硝酸盐的积累，提高氮肥利用率以获得作物高产。同时，减少肥料水溶流失对环境造成的危害，真正实现环境友好型。理想的脲酶抑制剂或硝化抑制剂，不仅要有效地抑制NH_3的挥发和NO_3^--N的淋溶损失，还应对作物的生长发育无不良影响，才能保证作物充分吸收养分并获得最大的增产效应，这也应是筛选脲酶抑制剂或硝化抑制剂的重要原则。虽然现有的一些抑制剂在农业上的应用取得了一定的效果，但它们的推广应用还不十分普遍，多数国家还处于试验研究阶段。由于它们的施用效果受到抑制剂量、肥料用量、环境温度、pH和土壤性质等影响，增产效果不稳定，加之绝大多数抑制剂成本较高，有些还对作物有一定的毒性，容易造成一定的环境污染，在农业上难以大面积推广使用。因此，筛选高效、稳定、廉价、无毒的新型脲酶抑制剂是农业科技工作者今后努力的方向。

三 稳定性尿素的优点与缺点

稳定性尿素其实也是缓释肥的一种，它采取的是化学抑制的途径，减缓氮素的挥发流失。稳定性尿素一般采用两种抑制剂：脲酶抑制剂和硝化抑制剂。国内研究发现，添加脲酶抑制剂的肥料，其利用率均在30%以上，比不加脲酶抑制剂的尿素氮利用率提高了5.2%左右。而添加硝化抑制剂之后，氮肥能在更长时间内以铵态氮的形式保持在土壤中，铵态氮能被作物直接吸收，因而流失的比率大大降低。但是，稳定性尿素在增产效果上并非一定“稳定”。由于土壤环境多变，脲酶抑制剂在田间试验中未表现出稳定的增产效果。国外学者在综合了相关数据后得出结论，在那些作物产量潜力大、土壤氮水平低、土壤和环境条件都对氨挥发有利的地区，施用含脲酶抑制剂的肥料将有最大收益。同样地，硝化抑制剂也存在类似情况。土壤肥力水平不同、作物种类各异、硝化抑制剂品种多样和土壤本身等因素，都会使硝化抑制剂类肥料增产效果不稳定。更重要的是，稳定性尿素存在潜在的环境风险。2013年1月25日，享誉全球的新西兰牛奶被曝含有有毒物质双氰胺。后来经调查得知，新西兰一些牧场喷洒含有双氰胺的化肥来培育牧草，最终导致牛奶被污染。事实上，双氰胺就是稳定性尿素中的抑制剂之一。可见，在稳定性尿素开发中，研制更具适应性的品种，寻找更安全的抑制剂，这些都理应成为技术攻关的焦点所在。

四 稳定性尿素施用方法及注意事项

稳定性尿素可作为基肥，也可以作为追肥施用，施肥深度7~10厘米为适宜。作种肥时，要注意种与肥隔离8~10厘米。作为基肥时，将总施肥量折纯氮50%用稳定性尿素，另外50%用普通尿素，再结合适量的磷钾肥共同施用。

稳定性尿素的特点是速效性慢，持久性好，为了达到肥效的快速吸收，与普通肥料相比，需要提前几天施用。稳定性尿素肥效有90~120天，常见蔬菜、大田作物一季施用一次即可，注意配合施用有机肥，效果理想。作物如果是生长前期，以长势为主的话，需要补充氮肥。稳定性尿素溶解比较慢，适合做底肥。各地的土壤墒情、气候、水分、土质、质地不一样，需要根据作物生长状况进行肥料补充。

第四节 增值尿素及其应用关键技术

一 增值尿素概况

增值尿素是指在基本不改变尿素生产工艺的基础上增加简单设备，向尿液中直接添加生物活性类增效剂所生产的尿素增值产品。增效剂是指利用海藻酸、腐殖酸和氨基酸等天然物质经改性获得的、可以提高尿素氮肥利用率的物质。增值尿素产品具有产能高、成本低、效果好的特点。增值尿素产品应符合以下原则：①含氮量不低于46%，符合尿素产品含氮量国家标准；②可建立添加增效剂的增值尿素质量标准，具有常规的可检测性；③增效剂微量高效，添加量在0.05%~0.50%；④工艺简单，成

本低；⑤增效剂为天然物质及其提取物或合成物，对环境、作物和人体无害。增值尿素产品具有产能高、成本低、效果好的特点。

二 增值尿素的种类

1.木质素包膜尿素

木质素是一种含许多负电基团的多环高分子有机物，对土壤中的高价金属离子有较强的亲和力。木质素比表面积大，质轻。作为载体与氮、磷、钾和微量元素混合，养分利用率可达80%，肥效可以持续20周之久；无毒，能降解，能将微生物降解生成腐殖酸，可改善土壤理化性质，提高土壤通透性，防止板结；在改善肥料的水溶性，降低土壤中脲酶活性以及减少有效成分被土壤组分的固持，提高磷的活性等方面具有明显的效果。

2.腐殖酸增值尿素

腐殖酸在农业上的主要作用为增进肥效、改良土壤、改善品质、调节作物生长和增强作物的抗逆性等。腐殖酸与尿素通过科学工艺进行有效复合，可以使尿素氮肥养分具有缓释性，并可通过改变尿素在土壤中的转化过程和减少氮素的损失，改善养分的供应，从而提高肥料利用率。试验表明，腐殖酸增值尿素产品的氮肥利用率可达45%。

3.纳米增值尿素

纳米碳进入土壤后能溶于水，使土壤的EC值（电导率）增加30%，可直接形成HCO_3^-，以质流的形式进入植物根系，进而随着水分的快速吸收，携带大量的氮、磷、钾等养分进入植物体合成叶绿体和线粒体并快速转化为生物能淀粉粒，因此纳米碳可起到生物泵的作用，增加植物根系吸收养分和水分的潜能。每吨纳米增效尿素成本增加200~300元，在高产的条件下可节肥30%左右，每亩综合成本可下降20%~25%。

4.海藻酸增值尿素

海藻酸增值尿素是在尿素的生产过程中，经一定工艺向尿素中添加海藻液，使尿素含有一定数量的海藻酸，并且可以抑制脲酶的分解，使尿素的利用率和肥效期得到延长的一类尿素增效产品。

5.多肽增值尿素

在尿液中加入金属蛋白酶,经蒸发器浓缩造粒而成。酶是生物发育成长不可缺少的催化剂,多肽是涉及生物体内各种细胞功能的生物活性物质。肽键是氨基酸在蛋白质分子中的主要连接方式,肽键金属离子化合而成的金属蛋白酶具有很强的生物活性, 酶鲜明地体现了生物的识别、催化、调节等功能,可促进化肥分子活跃,金属蛋白酶可以被植物直接吸收,因此可节省植物在转化微量元素中所需要的"体能",大大促进植物生长发育。经试验,施用多肽增值尿素,植物一般可提前5~15天成熟(玉米提前5天左右,棉花提前7~10天,番茄提前10~15天),且可以提高化肥利用率和农作物品质等。

6.微肥增效尿素

微肥增效尿素是在熔融的尿素中添加2%的硼砂和1%硫酸铜的大颗粒增效尿素。含有硼、铜微量元素的尿素可以减少尿素中的氮损失,既能使尿素增效,又可以使农作物得到硼、铜微量元素而提高产量。

三 增值尿素的增效机制及其特点

增值尿素增效机制主要包括:①通过促进根系生长和调节根系的吸收活性,来提高氮素的吸收利用;②增效剂通过抑制土壤脲酶活性,可降低氨挥发和硝态氮淋失损失,提高氮肥利用率;③增效剂与尿素发生反应,通过改变尿素的结构性,使尿素在土壤中的转化、释放和运移模式发生改变,提高氮肥的利用率。

增值尿素主要有以下特点:含氮量高,不低于46%,符合尿素含氮量国家标准;增效明显,添加的增效剂具有常规的可检测性;增效剂为植物原天然物质及其提取物,对环境、作物和人体无害;增效剂微量高效,添加量在0.03%~0.30%;工艺简单,成本低。其不足之处是易燃。

四 增值尿素应用关键技术

增值尿素只适合做基肥施用,不适合做追肥,适合大田作物一次性施肥，特别是东北的玉米及水稻、甘蔗，用增值尿素配制掺混肥料是一种比较理想的施肥方式。

增值尿素不能表面撒施，施用在土壤表面会增加氮素的流失或者挥发。增值尿素应当配合有机肥、普通尿素、磷钾及中微量元素肥料施用，增值尿素也不适合做叶面肥施用，不适合做水冲肥或者喷灌、滴灌施用。

第五节　脲醛类肥料及其应用关键技术

一　脲醛类肥料概况

脲醛类肥料是由尿素和醛类在一定条件下反应制得的有机微溶性氮缓释肥料。国外制造应用较早，它也是世界上使用量最大的缓释肥料。我国在20世纪70年代开始研究，但发展缓慢，至今没有大规模的生产，究其原因主要是我国缺乏统一的行业标准，使之一直游离于缓释肥料标准之外而处于缓步不前、难以迅速发展的尴尬局面。

脲醛类肥料包含脲甲醛和脲乙醛两种肥料。脲甲醛肥料的反应原理是，尿素与甲醛在高温下反应生成一亚甲基二尿素和二亚甲基尿素两种胶体，再与磷酸一铵以及钾肥合成造粒，形成复合肥料。脲醛缓/控释原理是脲醛复合肥施入土壤后快速溶化为胶体，被土壤紧密吸附融合，从而保证养分长期保存不流失。尿素在微生物分解下短期内即可转化为作物直接吸收的无机氮，快速地释放养分，形成脲醛肥料中的速效成分（10~40天）；一甲基二尿素必须在微生物的作用下分解一段时间，转化为作物可直接吸收的无机氮，因此形成了脲醛肥料中的中效成分（40~80天）；二甲基三尿素必须经过微生物的长期、多次分解才能转化为作物可吸收的无机氮，于是就形成了脲醛肥料中的长效成分（80~120天），因此可以看出脲醛肥料是一种集缓释和控释于一体的高效长效肥料。据研究表明，脲醛肥料的利用率高达51%，同时该肥料是目前唯一一种可以用于滴灌的复合肥料。目前,脲醛类肥料在国内生产的主要厂家有上海大洋、武汉绿茵、青岛住商等,生产规模较小,产品多用于出口。

二 脲醛类肥料的优点和缺点

脲醛类肥料在土壤中释放慢,可减少氮的挥发、淋失和固定。根据作物的需肥规律,通过调节添加剂多少的方式可以任意设计并生产不同释放期的缓释肥料,并且盐分指数较低,不会造成烧苗、伤根,可一次性施用,在作物整个生育期均发挥肥效。

与普通的复混(合)肥相比,脲醛类复合肥具有水分低、颗粒强度高、结块轻等优点。将现有的转鼓蒸汽造粒或圆盘造粒复混肥生产装置改造并开发生产脲甲醛缓释复合肥料项目简单易行,且具有流程简单、投资省、施工周期短、配置方便、生产成本低于缓释长效或包膜控释肥料等优点。脲醛类肥料兼具速效、缓效和长效功能,完全能满足农民对肥料缓释功能的需求,更被业内看好。

脲醛类肥料施入土壤后,有一部分化学分解作用,但主要是依靠微生物分解释放,不易淋溶损失,可分解为甲醛和尿素,尿素再水解为二氧化碳和氨供植物吸收利用,而甲醛则留在土壤中,在它未挥发或分解之前,对作物和微生物均有副作用。脲醛类肥料的价格过高也是其被大面积推广应用的一个屏障。

三 脲醛类肥料应用关键技术

脲醛类肥料只适合作为基肥施用,如果在水稻、小麦和棉花等大田作物施用时,应该适当配合速效水溶性氮肥。如不配速效氮肥,往往在作物前期可能会出现供氮不足的现象,从而难以达到高产目标。在特殊情况下要酌情追施硫酸铵、尿素。基肥还需要注意磷、钾肥的匹配,如单质过磷酸钙和氯化钾等。由于脲甲醛中含冷水溶性氮较少,施在一年生作物上时,必须配合施用一些速效氮肥,以免作物前期因氮素供应不足而生长不良。

常见脲醛类肥料的品种有脲甲醛缓释氮肥、脲甲醛缓释复混肥料、部分脲醛缓释掺混肥料等，既有颗粒状也有粉块状，还可配制液体肥供施用。

第六节　尿素–硝酸铵溶液及其应用关键技术

一 尿素–硝酸铵溶液概况

尿素–硝酸铵溶液，简称UAN溶液，国外也称为氮溶液，是由尿素、硝铵和水配制而成。尿素–硝酸铵溶液的生产始于20世纪70年代的美国，目前已得到广泛使用。2012年全球尿素–硝酸铵溶液的产量超过2 000万吨，其中美国占了全球产量的三分之二，达到1 360万吨，法国200万吨，其他如加拿大、德国、白俄罗斯、阿根廷、英国、澳大利亚等国的产量在100万吨以内。我国是氮肥生产大国，但尿素–硝酸铵溶液的生产刚刚开始。在国际市场上一般有3个等级的尿素–硝酸铵溶液销售，即含氮28%、30%和32%。不同含量对应不同的盐析温度，适合在不同温度地区销售。含氮28%的盐析温度为–18℃，含氮30%的盐析温度为–10℃，含氮32%的盐析温度为–2℃。在尿素–硝酸铵溶液中，通常硝态氮含量在6.5%~7.5%，铵态氮含量在6.5%~7.5%，酰胺态氮含量在14%~17%。在国外，尿素–硝酸铵溶液主要用于各种灌溉系统做追肥，如通过移动式喷灌机、微喷灌、滴灌等应用。单独使用已越来越少。尿素–硝酸铵溶液稳定性好、兼容性好，可与其他化学农药及肥料混合，一次施肥，多种用途、省时省力。所以大部分情况下尿素–硝酸铵溶液作为氮的基础原料，与水溶性的磷钾肥（磷酸一铵、磷酸二铵、聚磷酸铵、氯化钾、硝酸钾等）及其他中微量元素肥料一起配成液体复混肥。美国现有3 000多家液体肥料工厂，绝大部分用尿素–硝酸铵溶液作为氮肥基础原料，生产各种配方的清液或悬浮态液体复混肥料。

二 尿素-硝酸铵溶液应用关键技术

尿素-硝酸铵溶液适用于各种农作物，在瓜菜、水果等作物上施用后增产效果尤为明显。可用作播种前底(基)肥，也可在播种后立即施用(可避免灼伤叶子)，后期追肥效果更佳。施肥方式冲施、滴灌、喷施均可。喷施稀释比例分别为幼苗期1:600以上，生长期、果实膨大期、成熟期1:400以上。稀释度视不同作物及其生长情况而定，浓度可随作物的生长而加大。叶面喷施主要用于追肥，每亩施用量(原液)1~2千克(表2-1)。

表 2-1 尿素-硝酸铵溶液施用方法

施肥方式	棉花	茄果类(大棚)	西瓜
叶面喷施	初花期:稀释 400 倍 花铃期:稀释 300 倍	4～6 次追肥，稀释 600 倍	结瓜前期稀释 600 倍
滴灌冲施	基肥 3 千克/亩 初花期 2 千克/亩 花铃期 1 千克/亩 稀释比例 1∶100	基肥 2 千克/亩 4～6 次追肥每次 1 千克/亩 稀释比例 1∶100	基肥 1 千克/亩 真叶 1 千克/亩 结瓜前期 1 千克/亩 稀释比例 1∶500

第七节 硝酸铵钙及其应用关键技术

一 硝酸铵钙概况

硝酸铵钙是一种含氮和速效钙的新型高效复合肥料，其肥效快，有快速补氮的特点，其中增加了钙，养分比硝酸铵更加全面，植物可直接吸收，生理酸性度小，对酸性土壤有改良作用。施入土壤后酸碱度小，不会引起土壤板结，可使土壤变得疏松。同时能降低活性铝的浓度，减少活性磷的固定，且提供的水溶性钙，可提高植物对病害的抵抗力。

二 硝酸铵钙应用关键技术

硝酸铵钙在农作物种植时，建议追肥使用，也可以兑水稀释后作为叶面肥喷施，为作物生长提供氮元素和钙元素。果树类农作物一般可以用于冲施、撒施、滴灌和喷施，每亩10~25千克，水稻等农作物每亩15~30千克。如果用滴灌和喷施使用，可稀释800~1 000倍后使用。也可作为花卉的追肥使用；稀释后喷在叶面上，可以延长花期，促使根、茎、叶正常生长，保证颜色鲜艳。

第三章 新型磷肥主要类型及其应用关键技术

磷是植物体内许多重要化合物的组成成分，如核酸、核蛋白、ATP 等大分子以及磷脂、肌醇六磷酸、磷酸腺苷和多种酶；它能参与植物光合作用、能量运输、新陈代谢等过程。

磷元素是限制植物高产优质的主要营养元素之一，当浓度在适宜的范围内，磷能提高作物的产量、品质和抗逆性。当作物缺磷时，植物生长矮小，发育缓慢，成熟较晚，茎秆较细，各种新陈代谢作用被抑制，叶片颜色呈暗绿或灰绿，缺乏光泽；严重缺磷时，植株体内糖类相对累积，形成较多的花青素，使茎叶上出现紫红色的条纹和斑点；极度缺磷时，则造成叶片脱落。但磷过量则会导致植物呼吸作用增强，营养生长期缩短，繁殖器官过早发育成熟，养分大量消耗，致使禾谷类作物无效分蘖和空壳率增多，产量和品质降低。除此以外，磷元素也会影响植物的根系生长，比如缺磷情况下为吸取生长所需的磷，植物根系会因适应性反应产生改变，如根系伸长，侧根和根毛增多等。施用磷肥是农作物吸收磷素的重要补充，而常规磷肥的磷素在土壤中极易被固定，利用率为10%~25%。为了提高磷素的利用率，研究人员开发了系列的新型磷肥，有助于促进培肥土壤地力和增加农作物磷素吸收。目前，市场中新型磷肥的种类包括钙镁磷肥、聚磷酸铵、树脂包膜磷肥、新型有机结合磷肥等。

第一节　钙镁磷肥及其应用关键技术

一　钙镁磷肥概况

钙镁磷肥是一种含有磷酸根的硅铝酸盐玻璃体。它除含磷元素外，同时含有钙、镁、硅等中微量营养元素，是一种枸溶性磷肥，具有无毒、无腐蚀性、不易吸湿结块等优点。钙镁磷肥中全部养分都可被作物吸收利用，在育苗时可作为底肥，不会造成烧苗。另外，钙镁磷肥中的钙、镁、硅可被作物根部分泌的弱酸溶解，提供的SiO_2、CaO、MgO养分比绝大多数工业炉渣提供的更有效。钙镁磷肥作为低浓度磷肥，能充分利用我国中低品位磷矿资源。资料显示，P_2O_5含量为20%~26%的磷矿经选矿后用于生产高浓度磷复肥时，磷的利用率<70%，而用于生产钙镁磷肥时磷的利用率可达95%。钙镁磷肥呈碱性，在施用过程中能起到改良酸性土壤的作用。此外，钙镁磷肥也能有效钝化土壤中的重金属，调节元素失衡，减少有机质流失等问题，对生态农业的建设有着积极的影响。

目前，钙镁磷肥具有多方面的优越性，肥效理想且价格便宜，但由于受很多因素的制约，市场占有率很低。钙镁磷肥为粉状，运输和施用不方便，且被认作低浓度肥料，影响了其在国内的使用与发展。钙镁磷肥含有中微量元素没有得到应有的重视，售价低，生产企业不断减少，总产量逐年降低。随着土壤酸化和中微量元素缺乏问题的凸显，钙镁磷肥将有极大的市场发展空间，亟待我们的探索与发掘，使之在农业绿色可持续发展中发挥作用。

二　钙镁磷肥的施用方法和注意事项

钙镁磷肥适合作为基肥深施。钙镁磷肥施入土壤后，其中磷只能被弱酸溶解，要经过一定的转化过程，才能被作物利用，所以肥效较慢，属缓效肥料。一般要结合深耕，将肥料均匀施入土壤，使它与土层混合，以利于土壤酸性的溶解，并利于作物的吸收。与10倍以上的优质有机肥混拌堆沤1个月以上，沤制好的肥料可作为基肥、种肥，也可用来蘸秧根。

钙镁磷肥与普钙、氮肥配合使用效果比较好，但不能与它们混施。钙镁磷肥通常不能与酸性肥料混合施用，否则会降低肥料的效果。钙镁磷肥的用量要合适，一般每亩用量要控制在15~20千克。过多施用钙镁磷肥，其肥料利用率不仅不会递增，而且会出现递减的问题。通常每亩施钙镁磷肥35~40千克时，可隔年施用。钙镁磷肥适合施用于对枸溶性磷吸收能力强的作物，如油菜、萝卜、豆科和瓜类等。

第二节　聚磷酸铵及其应用关键技术

一　聚磷酸铵概况

聚磷酸铵是一种同时含有高浓度氮、磷元素的化学肥料，可以同时满足农作物对这两大必需营养元素的需求，其中的铵态氮可被土壤胶体所吸附，不易淋失，可为作物提供更为长效的氮素来源；其中的磷源，完全水溶，可以直接被作物所吸收；氮磷还有协同吸收效应，从而提高养分利用率。液体聚磷酸铵酸碱性居中，适用于各种类型的土壤，且具有螯合中微量元素的特性，施用至土壤后，可以提高土壤中微量元素的活性，提高作物对其的吸收利用率，从而起到增产提质的作用。目前，国外常用聚磷酸铵配比：8–24–0（液体）、10–34–0（液体）、11–37–0（液体）、11–44–0（液体）、8–28–0（液体）和12–57–0（固体）。

二　聚磷酸铵的优点

磷元素高效利用：与普通磷肥相比，短链聚磷酸铵的溶解度较高，可提高液体肥料中磷的含量，可配制磷含量较高的液体肥料；作物施用聚

磷酸铵安全系数高,结晶温度较低,通常不被作物直接吸收,而是在土壤中逐步水解成正磷酸再被作物吸收利用, 因此是一种缓溶性长效磷肥,能提高磷素利用率3倍以上。

螯合作用强:聚磷酸铵对金属离子具有显著螯合作用,可以作为基肥中的无机螯合剂添加一些微量元素以提高肥效。一些微量元素在聚磷酸铵溶液中的溶解度远高于在止磷酸铵溶液中的溶解度,利用聚磷酸铵原料作为无机螯合剂,较有机螯合剂便宜。

稳定性高:目前固体大量元素水溶肥料存放时间长了,容易出现结块、胀袋、变色等现象,液体水溶肥料容易沉淀、胀瓶等,以农用多聚磷酸铵为原料制成大量元素水溶肥可避免以上情况发生。

水溶性高:微滴灌设备对水溶肥的水溶要求越来越高,目前市场上大部分水溶肥存在杂质堵塞管道情况,以农用多聚磷酸铵为原料制成大量元素水溶肥水溶性达99.7%,且快速水溶。

改良土壤酸碱度:目前土地酸化严重,市场上水溶肥料酸性居多,以农用多聚磷酸铵为原料制成大量元素水溶肥的pH 8.0~8.5,长期使用对酸性土壤改良有显著效果。

三 聚磷酸铵应用关键技术

聚磷酸铵可以用于种肥,也可用于追肥。用于种肥时通常是施入犁沟或播种时侧施;用于追肥时可以条施、撒施,也可以灌溉施肥。在种肥上,常用的聚磷酸盐配比为 11–34–0,施肥点位于种子旁边5.0厘米与下方5.0厘米的位置,可以促进苗期种子根系形成与出苗。

第三节　树脂包膜磷肥及其应用关键技术

一　树脂包膜磷肥概况

树脂包膜磷肥是控释肥料的一种，其目的是使肥料中的养分缓慢释放以适应作物吸收所需，减少磷在土壤中的固定和流失，增加作物对磷的吸收，从而提高肥料利用率。其使养分“固定”在特定介质中，保持磷素处于活性状态，以此提高磷肥有效性。目前树脂包膜磷肥的研究主要集中在以高浓度磷肥和复合肥为基质。包膜过磷酸钙、重过磷酸钙、磷胺和复合肥比相应的未包膜肥料均能够显著地提高作物对磷吸收量、磷肥利用率和作物产量。不同的包膜材料对“固定”磷素的能力有很大差异，天然橡胶、聚氯乙烯、聚丙烯酰胺和聚乳酸包膜复合肥对减少磷素损失的作用有异，养分损失的大小依此：聚丙烯酰胺>聚乳酸>聚氯乙烯≈天然橡胶型包膜肥料。树脂包膜磷肥在提高作物产量和肥料利用率、降低养分损失的同时，简化了施肥方式，同时为工业垃圾的处理提供了新的思路。

二　树酯包膜磷肥应用关键技术

目前市场上常见的树脂包膜磷肥种类主要是包膜二铵，包膜二铵的施用方式与普通二铵相同，可用于种肥、基肥或追肥，但用量比普通二铵减少10%~20%，可单独用于喜磷且固氮能力强的豆科作物的基肥，底肥中缓释的磷素可保证作物生育后期籽粒的发育。在其他作物上用包膜二铵作基肥时，需要补充适量的氮肥和钾肥，以提高氮和钾的含量。

用作种肥时，对于直播的作物，可在播种时将种子与肥料分开播入土壤，使种子与肥料有一定间距，可保证幼苗对营养的需求。每亩用量一般控制在2.0~4.0千克。

包膜二铵的磷在土壤中迁移性差，只有施到作物主要根系的分布区，才可提高被吸收效率。因此，在需要移栽的作物幼苗定植时，可进行穴施作为提苗肥，能使作物提早开花结果。每亩用量1.5~2.5千克。

第四节　其他新型磷肥简介

一、淀粉基磷肥概况

淀粉基磷肥是淀粉和磷酸经过加热反应后生成的一种新型磷肥，利用有机合成技术将无机态的磷以磷酸根离子的形态结合到淀粉分子结构上，大大降低磷酸根离子在土壤中的固定。它生产成本低，施入土壤后能有效减少磷的固定，增加土壤中有效磷含量，提高磷肥利用率，减少磷肥的施用量，节约有限的磷资源，同时还能保护环境。

二、生物腐殖酸磷肥概况

生物腐殖酸磷肥是将腐殖酸添加到枸溶性磷肥（钙镁磷肥、钢渣磷肥、脱氟磷肥等）及难溶性磷肥（磷矿粉）中与其反应产生的一种增效磷肥，能提高肥效和利用率，增加速效磷的含量。最早生产和应用生物腐殖酸磷肥的是日本、苏联等国家。1979年，日本将硝基腐殖酸磷肥（NHA-P）定为国家肥料法定品种；苏联很早就有腐殖酸与过磷酸钙或重钙混合造粒的生产和应用。自20世纪70年代以来，我国生物腐殖酸磷肥的研究和试验已积累了不少成果和经验，生物腐殖酸磷肥的产业化条件已日趋成熟。

生物腐殖酸磷肥能够改变土壤的团粒结构，降低土壤体积质量，增大土壤空隙度、通透性。生物腐殖酸磷肥具有很强的增效作用，一方面可以抑制土壤对水溶性磷的固定，减缓速效磷向迟效、无效态磷的转化进程。腐殖酸盐类及硝基腐殖酸（NHA）盐类都不同程度地抑制了土壤对磷的固定。另一方面增加磷在土壤中的移动距离，生物腐殖酸磷肥可以使磷在土壤中垂直移动距离由原来的2~3厘米增加到4~6厘米，有助于作物根系吸收养分。腐殖酸还可以改变土壤的理化性质，增加微生物的活动，有利于矿物态磷向有效态磷的转变。在磷肥中添加质量分数为10%~20%的腐殖酸制得生物腐殖酸磷肥可使磷肥肥效提高10%~20%，吸磷量增加28%~39%。总之，由于生物腐殖酸磷肥的增效功能，磷的利用率得到很大的提高，减少了磷在土壤中累积及对水体富营养化的影响，避免大量有害物质在土壤中残留，防止土壤板结，保护了生态环境和资源。

三 生物酶活化磷肥概况

生物酶活化磷肥是由北京中农瑞利源高科技发展有限公司和华南农业大学新肥料资源开发中心联合开发的新型肥料。通过在磷活化剂中加入生物酶，经过一个温和的生物化学反应生成生物酶活化剂，加入磷肥生产过程中。在常温、常压的条件下，经过混合、搅拌、研磨加工生成生物酶活化磷肥，为中低品位磷矿资源的高效利用和常规磷肥产品的升级换代提供了新的技术思路和科学依据。同时，还能实现一步法生产控释磷铵，减少土壤对磷的固定和氮的损失，明显提高磷的利用率和延长肥效，是一种中低品位磷矿高效、节能、节资利用的磷肥生产新技术。

生物酶活化剂在活化剂的基础上进行嫁接，又增加了北京中农瑞利源开发的经过基因DNA改造过的生物而产生的解磷酶。这种解磷酶与活化剂一起加快和加大磷的活化，使酶与活化剂二元互补，产生协同效应，比单一的解磷酶、单一的活化剂更有效。生物酶活化剂含有生物磷酸酯酶、生物脂酸酶、磷脂酶和活性因子，这些物质与磷矿粉有机结合，使生物酶活化剂成为磷矿粉的表面活性剂，根据农作物的需要，经过生物反应和激活生成有效磷。生物酶活化磷肥的养分释放是缓慢的，从而达到了与农作物的对称同步，做到了农作物生命过程始和终的供求平衡。

用生物酶活化剂生产的生物酶活化磷肥与普通磷肥相比，其优势非常明显，通过添加生物酶来提高肥料的利用率，减少了对环境造成的污染，同时有效减缓或逆转磷与土壤中的钙、铝、铁等发生沉淀反应，避免土壤中磷浓度大起大落的波动，在植物生长期内维持磷的供求平衡,从而提高其利用率,也避免普通磷肥施用过多导致的游离酸增加而造成农田板结。生物酶活化磷肥中含有的解磷酶与活化剂一起大大增加了水溶性磷的数量,通过生物酶分解和活化剂激活而生成有效磷,成为农作物的有效养分。

第四章 中微量元素肥料主要类型及其应用关键技术

第一节 中微量元素肥料定义、形态及作用

一 中微量元素肥料的定义

目前,公认的植物必需营养元素共有17种。一般根据植物对不同必需营养元素需要量的多少及其在植物体内含量,分为大量元素、中量元素和微量元素。其中碳、氢、氧、氮、磷、钾属于大量元素,中量元素有钙、镁、硫3种,微量元素为铁、锰、硼、铜、锌、钼、氯、镍8种。广义上说,凡是含有中、微量元素的物质,均可作为中微量元素肥料施用。狭义上的中微量元素肥料一般指通过一定的工业机械设备和加工工艺且符合相关标准所生产出来的农业用含中微量元素的工业产品。

二 中微量元素的吸收形态及影响因素

作物吸收养分的形式主要是以土壤溶液中的离子形态或螯合态,有些小分子有机物,例如小分子的氨基酸等也可以被作物直接吸收。土壤中中微量元素的活性受土壤酸碱度、氧化还原电位、有机质含量等影响较为明显。一般情况下,在正常土壤pH范围内,铁、锰、铜、锌等的有效性会随着pH的降低而增加,钼则相反;不同氧化还原电位主要通过影响中微量元素的离子化合价来影响作物的吸收;有机质含量高的土壤一般中

微量元素也比较丰富,有效性也相对较高。

此外,作物对不同元素的吸收能力还受到不同元素之间的促进或拮抗的影响。例如,施用钾钙肥对铁的吸收有促进作用,但对锰的吸收有拮抗作用,而磷素含量丰富的土壤往往更易缺锌等。

三 中微量元素的作用

相较于大量元素,植物对中微量元素的需求量虽然少,但中微量元素的作用是无可替代的,作物缺乏中微量元素后,不能正常生长甚至出现严重的症状。因此,合理施用中微量元素对保证作物正常健康生长是必不可少的。

1.提高农作物的产量

我国中低产田占总耕地面积的三分之二以上,其中大部分存在中微量元素缺乏的问题。即使一些高产田,也由于不注重养分的平衡施用,偏施氮、磷、钾肥,导致中微量元素缺乏,作物增产幅度不断下降。因此,根据木桶原理,结合土壤测试和植株营养诊断,有针对性地施用中微量元素肥料,已成为提高中低产田产量的有效技术措施,同时也是维持高产田连续增产的重要手段。

根据不同区域土壤养分状况、作物种类及生长状况等确定中微量元素的不同需求,不同地区的不同作物施用中微量元素肥料都有非常明显的增产效果。增产幅度在5%~50%,尤其在缺乏中微量元素的中低产田中的增产效果更为明显。

2.改善农作物品质

全面均衡的养分供应,有利于改善作物的无机营养平衡,在大幅提高农作物产量的同时,也能有效改善农作物品质。中微量元素对农作物蛋白质、糖、维生素等的提升有一定的促进作用,进而改善农作物的营养品质和风味。

3.减轻作物病虫害

合理适量的中微量元素供应,可以保证农作物养分吸收的全面性,从而增强农作物的抗逆性,例如在茄果类蔬菜中合理施用含钙肥料,可以有效减轻脐腐病的发生；施用硼肥可以通过促进糖在植物体内的转运而增强作物对病菌的抗性；含氯化肥可明显减轻作物叶根病害等。

第二节 钙肥及其应用关键技术

一 钙的生理功能

1.钙对细胞壁结构和功能的影响

果胶酸钙是植物细胞壁的主要组分之一，它对细胞结构保持一定的物理韧性起着重要支撑作用。果胶酸钙含量的多少还与真菌浸染组织的敏感性和果实成熟时间相关，因此，钙素在预防和提升农产品储运期间对病害的抗性也有一定作用。

2.钙对细胞内酶活性的调控作用

植物细胞内多种代谢活动中的酶活性均与钙素含量相关。例如，钙离子作为第二信使与钙调素结合形成Ca^{2+}-钙调素复合物，可活化NA激酶（亚销酸盐还原酶激酶）、环式核苷磷酸酯酶和Ca-ATP酶等。钙还可以通过抑制相关酶的活性来降低植物体内的氧化反应，从而延缓作物衰老。

3.钙可以增强作物的抗逆性

植物在干旱、高温、盐胁迫等逆境时，细胞质中的钙离子浓度会大幅提高以促进相关生理生化反应，提高作物对逆境的适应性。

二 钙肥的种类及施用技术

一般来说，凡是能够提供钙素养分的物质，都应归为钙肥。最常见的钙肥品种是石灰，包括生石灰、熟石灰和石灰石粉。石膏及大多数磷肥，如钙镁磷肥、过磷酸钙等和部分氮肥如硝酸钙、石灰氮等也都含有相当数量的钙。钙肥效果与土壤类型有关。在缺钙土壤施用石灰，除可使植物和土壤获得钙的补充外，还可提高土壤pH，从而减轻或消除酸性土壤中

大量铁、铝、锰等离子对土壤性质和植物生理的危害。石灰还能促进有机质的分解。石灰施用量因土壤性质(主要是酸度)和作物种类而异。多用作基肥,常与绿肥作物同时耕翻入土。但施用过多会降低硼、锌等微量元素的有效性和造成土壤板结。此外,硝酸钙、氯化钙也是较为常用的钙肥。根据施入土壤后释放速率的不同,可以将钙肥分为速效钙和缓效钙。

1.速效钙

速效钙是指在水中溶解较大,并能很快被农作物吸收的一类钙的化合物。在这类化合物中常用的有氯化钙和硝酸钙,速效钙多数用作叶面肥、冲施肥、滴灌肥,无土栽培营养液及其他液体配方肥的原料,也是水溶性有机中量元素肥料的主要原料。

(1)氯化钙及其施用技术

氯化钙为白色颗粒状结晶,味苦而涩,潮解性很强。易溶于水,能溶于醇,但不易溶于醚。水溶液呈中性或微碱性,具有腐蚀性,化学性质与无水物相似。氯化钙属于水溶性速效肥料,一般用作叶面喷施或随灌水冲施。在冬枣白熟期喷施质量分数为0.75%的氯化钙可显著提高冬枣可溶性固形物、可滴定酸、维生素C、钙、总黄酮含量和果实硬度,改善冬枣品质。在石灰性土壤中,亩施50千克氯化钙,分别在小麦播前、苗期和返青期按60%、20%和20%随灌水施入,可以促进小麦产量和地上部生物量的增加,同时对小麦吸收锌也有促进作用。

(2)硝酸钙及其施用技术

硝酸钙为无色透明单斜晶体,易溶于水、甲醇、乙醇、戊醇、丙酮和醋酸甲酯以及液氨中,在空气中极易潮解。加热至495~500℃,硝酸钙即分解放出氧化氮气体及氧化钙。硝酸钙是氧化剂,遇有机物、硫黄即发生燃烧和爆炸。贮运时,应密封贮存。马铃薯出苗15天后,每隔7天按每公顷2千克采用滴灌模式施用硝酸钙,共施4次,可使马铃薯增产52.28%,块茎淀粉含量也有所增加。小白菜间苗后,每周随水滴灌施用44千克/亩硝酸钙,追施3次,可以有效提高小白菜产量。

硝酸钙施用方法主要有以下几种:

①硝酸钙具有易随水淋失的特征,因此较适宜在旱田中少量多次追

施，且应避免雨前施用。②硝酸钙还适宜与充分腐熟的有机肥、磷钾肥等配合施用，以提高肥效，若单独与过磷酸钙混合施用，会降低磷肥有效性。③硝酸钙相较于常用的尿素等氮肥，其含氮量较低，因此一般施用的实物量较大。

硝酸钙在施用时还应注意：①因硝酸钙极易随水流失，同时考虑施用成本，故一般不建议水田施用；②不可与未充分腐熟的有机肥混合施用，因为有机肥在发酵过程中会产生有机酸，进而与硝酸钙反应，造成肥效降低。

2.缓效钙

缓效钙是不溶于水或微溶于水的一类钙的化合物，如石灰石、白云石粉、石膏等。由于在土壤中性能稳定，缓效钙可作为缓释型中量元素肥料使用，可以添加到复合肥中使用，也可单独使用。

(1)石灰及其施用技术

石灰为白色粉末，主要成分为碳酸钙($CaCO_3$)，无臭无味，露置空气中无变化。难溶于水，在含有铵盐或二氧化碳的水中微溶，不溶于醇。石灰呈碱性，遇稀酸发生中和反应并溶解。加热分解为氧化钙和二氧化碳。

施用石灰是公认有效的改良酸性土壤的措施之一。酸性土壤中施用石灰可以有效降低土壤酸度，提高土壤pH以及土壤Ca和Mg的有效性，例如在南方酸性水稻土中亩施石灰100~200千克，可使土壤pH提升0.69~1.39个单位，同时水稻增产4.45%~11.82%。旱地石灰用量一般为60~80千克，若土壤酸度过高或种植耐酸性较弱的作物，可适当增加用量。但作物施用石灰的效果不仅取决于土壤酸度和作物种类，其施用时期也至关重要。一般来说，旱地雨季施用效果优于旱季。施用石灰时应注意其用量，过量易导致土壤肥力下降，并引起土壤结构恶化。石灰呈碱性，应施用均匀，并与土壤充分混匀，以防止局部土壤碱性过大，影响作物生长，同时应避免与种子或根系直接接触。

(2)石膏及其施用技术

农用石膏有生石膏、熟石膏和磷石膏3种，均呈酸性。主要用于碱性土壤，消除土壤碱性，起到改土和供给作物钙、硫营养的作用。具体施用

方法:①作为改碱施用。一般在土壤pH为9以上,含有碳酸钠的碱土中施用石膏,亩施100~200千克,宜作为基肥,结合灌排深翻入土,后效长,不必年年都施。同时应与种植绿肥或与农家肥和磷肥配合施用。②作为钙、硫营养施用。水田蘸秧根亩用量3千克左右,作为基肥或追肥时亩用量为5~10千克。旱地撒施于土表,再结合翻耕作基肥,也可以作为种肥条施或穴施。基施亩用量15~25千克,作为种肥亩施4~5千克。

第三节 镁肥及其应用关键技术

一 镁的生理功能

1.叶绿素的组成成分,参与植物体内的光合作用

镁是叶绿素的主要组分,在叶绿素合成和光合作用中起重要作用。当镁元素同叶绿素分子结合后,才具备吸收光量子的必要结构,才能有效地吸收光量子进行光合碳同化反应。镁也参与叶绿素中CO_2的同化反应,对叶绿体中的光合磷酸化和羧化反应都有影响。

2.多种酶的活化剂

植物体中一系列的酶促反应都需要镁或依赖于镁进行调节。在ATP酶催化ATP水解的反应中,镁首先在ATP或ADP的焦磷酸盐结构和酶分子之间形成一个桥梁,形成稳定性较高的Mg-ATP复合体,然后在ATP酶的作用下,这个复合体能把高能磷酰基转移到肽链上去。同时,在ATP的合成过程中,也需要镁将ADP和酶进行桥接。在C3植物光合作用中,叶绿体基质中的RUBP羧化酶(1,5-二磷酸核酮糖羧化酶)催化CO_2的同化反应,而该酶的活性取决于pH和镁的浓度。当镁和该酶结合后,它对CO_2的亲和力增加,转化速率提高。镁也能激活谷胱甘肽合成酶和PEP羧化酶等。

3.调节蛋白质的合成

作为核糖体亚单位联结的桥接元素，镁可以稳定核糖体的结构，为蛋白质的合成提供场所。当镁的浓度低于10毫摩/升时，核糖体亚单位便失去稳定性，核糖体分解成小分子的失活颗粒。蛋白质合成中需要镁的过程还包括RNA聚合酶的活化、氨基酸的活化、多肽链的启动和多肽链的延长反应。有报道表明，镁能促进作物体内维生素A、维生素C的形成，从而提高果树、蔬菜的品质。

二 镁肥的种类及施用技术

镁肥施用一般遵循优先施用土壤镁素含量低和需镁量较大的作物。市场上流通的镁肥多以复合肥添加形式存在，而一般按照水溶性将镁肥分为可溶性镁肥和微溶性镁肥。

1.水溶性镁肥

水溶性镁肥主要有硫镁矾（$MgSO_4 \cdot H_2O$）、泻利盐（$MgSO_4 \cdot 7H_2O$）、硫酸钾镁（$2MgSO_4 \cdot K_2SO_4$）、硝酸镁［$Mg(NO_3)_2 \cdot 6H_2O$］等。这里主要介绍目前农业生产用的最广泛的泻利盐和硫酸钾镁肥的主要性质及施用技术。

（1）泻利盐（$MgSO_4 \cdot 7H_2O$）及其施用技术

泻利盐，即七水硫酸镁，为白色或无色的针状或斜柱状结晶体，无臭，易溶于水，微溶于乙醇和甘油。一般土壤、植株镁素含量不足时，均可适当施用。建议作基肥施用，也可叶面喷施，泻利盐适合在中性或微碱性土壤中施用，而偏酸性土壤一般不宜施用。需镁量较高的作物，一般亩施10~13千克，果树每株可以施用250~500克。在施足镁肥后，可以隔几茬作物再施用，不必每季作物都施用。为了纠治作物缺镁的症状也可以叶面喷施，一般建议叶面喷施浓度：果树0.5%~1.0%，蔬菜0.2%~0.5%，水稻、棉花、玉米0.3%~0.8%，一般镁肥溶液亩施用量在50~150千克。在水稻生产中，基施泻利盐5千克/亩，与氮磷钾肥配施，可以使水稻产量增加5%~10%（图4-1）。此外，泻利盐与农家肥、有机肥配合施用效果往往好于单独施用。

图4-1　巢湖水稻中微量元素试验

(2)硫酸钾镁肥及其施用技术

硫酸钾镁肥($2MgSO_4 \cdot K_2SO_4$)除含镁(6%)外,还含有钾(22%K_2O)、硫(16%),属于多元肥料。硫酸钾镁肥适用于绝大多数农作物,特别适用于蔬菜、果树、茶叶和花卉等经济作物,能给作物的生长提供长期稳定肥效,并能提高作物的品质,增强作物的抗旱、抗寒、抗药害的能力,增产效果十分明显。硫酸钾镁肥因同时含有钾素和硫素,在实际农业生产中,也常常作为主要的钾肥施用。硫酸钾镁肥呈弱碱性,适宜在酸性土壤中施用,一般用作基肥或者叶面喷施肥料,也可作追肥土施,适用于忌氯经济作物,大田作物也可施用。硫酸钾镁因养分种类更加丰富,一般肥效优于等钾量氯化钾和硫酸钾。在正常施肥的前提下亩配施62千克硫酸钾镁肥,按总施肥量的采后肥30%、花前肥10%、攻秋梢壮果肥30%、壮果肥30%的比例,在雨后撒施肥料或撒施肥料后淋水,可使柑橘增产20%左右,同时提高品质。

2.微溶性镁肥及其施用技术

微溶性镁肥一般作为基肥施用,以含镁矿石和大中量元素添加镁的复合(混)肥为主,常见的有白云石和钙镁磷肥。而钙镁磷肥一般归类于磷肥,这里不再赘述。下面主要介绍白云石的施用技术及效果。

白云石主要成分为$MgCO_3 \cdot CaCO_3$,除含有镁素外,也含有钙素,一般经过高温煅烧后制成石灰粉施用。施用白云石粉能明显促进植株生长,安徽省农科院土肥所研究发现在小麦季亩基施白云石粉73~166千克可以提高小麦的产量，增产幅度在11%以上，同时白云石粉还有较强的后效，对后季红豆的产量也有显著提升作用。在油菜上亩撒施白云石粉50~75千克，可使油菜增产17.9%~25.0%。

第四节　硫肥及其应用关键技术

一　硫的生理功能

1.硫是蛋白质的主要组成成分

硫主要存在于胱氨酸、半胱氨酸和蛋氨酸中，这几种氨基酸是合成蛋白质的重要原料，所以硫素会影响蛋白质的合成，硫素缺乏时，植物合成蛋白质的速率将会受到严重影响。

2.硫是影响植物光合作用的主要元素

叶绿素本身并未发现含硫，但是含硫结构硫脂是与叶绿体相连的一个固定边界膜，是组成基粒片层的主要结构，对叶绿素的合成具有十分重要的作用。多种含硫蛋白质在植物光合作用中起着传递电子的作用，直接影响光合作用的强度和效率。

3.硫是植物生理活性物质的组成成分

植物体内的多种含硫化合物（如谷胱甘肽、硫胺素、维生素H等）经过一系列生化反应，可以增强植物体的抗逆性，从而优化植物的生长发育过程。

4.参与植物体内氧化还原过程

植物体内存在着一种极其重要的生物氧化剂即谷胱甘肽。谷胱甘肽是由谷氨酸、半胱氨酸和甘氨酸结合而成的三肽，两个谷胱甘肽分子的硫氢基相结合形成二硫键。谷胱甘肽水溶性高，在植物呼吸作用中起重要作用。

二 硫肥的种类及施用技术

当土壤测试发现缺乏硫素时，一般的补充方法是施用石膏、硫黄或其他加硫肥料。而在实际的农业生产中，硫肥大多数归属其他肥料类型，例如硫酸铵归属氮肥；硫酸钾归属钾肥；硫酸钙和硫酸镁则分别归属钙肥和镁肥；铁、铜、锌、锰等的硫酸盐则归属相应的微量元素肥料。另外，还有一些加硫肥料，例如加硫磷酸二铵、硫包衣尿素等均划分到氮磷新型肥料的分类中，这里不再赘述。本部分内容主要介绍硫黄粉及其施用技术。

硫黄粉为黄色粉末状，难溶于水。硫黄粉作为含有单一硫元素的肥料，其施入土壤后需经过土壤微生物氧化为硫酸根（SO_4^{2-}）才能被植物吸收利用。因此，其施用效果取决于硫黄本身的纯度、粒度以及土壤微生物群落、温度、湿度、pH等。一般来说，硫黄粒径越小，其比表面积就越大，与土壤接触就越充分，氧化率也就越高。土壤中与硫氧化相关的微生物活性越强，硫氧化速率也就越强。硫黄因其需要转化为硫酸根之后才能被植物吸收，因此其施用的后效及持续时间也更长。一般施用一次，其肥效可以持续2~3季作物。在大田作物如玉米中，建议基肥亩条施4千克硫黄粉，可以使玉米增产12%左右。在颍上县小麦试验中，正常施肥情况下，每公顷基施30千克硫黄粉，小麦每公顷有效穗数可增加10万穗左右，同时产量也有一定的提升（图4-2）。

图4-2　颍上县小麦中微量元素田间试验

第五节　铁肥及其应用关键技术

一　铁的生理功能

1.铁影响叶绿素合成及光合作用

铁不是直接组成叶绿素的必要成分,但铁是参与叶绿素合成的必要元素,铁素的缺乏会引起植物叶片失绿。δ-氨基乙酰丙酸合成酶是叶绿素合成中重要的中间产物，而缺铁时δ-氨基乙酰丙酸合成酶活性降低，会限制叶绿素合成。铁参与植物体的二氧化碳还原,同时通过二价铁离子(Fe^{2+})和三价铁离子(Fe^{3+})的转变来传递电子,影响其他的氧化还原系统,进而影响植物光合作用的强度。

2.铁是植物体内蛋白质的主要组成成分

植物体中与磷结合的铁-磷蛋白(即铁蛋白)是固氮酶的主要成分,因此铁在植物生长中的生物固氮、硝酸还原、氨同化等生理代谢方面都具有重要作用。

3.铁影响植物的呼吸作用

植物体内与呼吸作用相关的过氧化物酶、过氧化氢酶等发挥作用过程中均有铁的参与,铁素缺乏会导致这些酶的活性降低甚至处于失活状态,抑制植物的呼吸作用,进而影响植物正常生长发育。

二　铁肥的种类及施用技术

1.铁肥的种类

一般符合农业生产相关规定的含铁化合物均可作为铁肥施用,作物对铁素的需求量一般不大，因此常通过叶面喷施的方法为作物补充铁素，常见易溶于水的铁肥主要是铁的硫酸盐化合物，包括硫酸亚铁($FeSO_4·7H_2O$)、硫酸铁[$Fe_2(SO_4)_3·4H_2O$]、硫酸亚铁铵[$FeSO_4·(NH_4)_2SO_4·$

$6H_2O$]等；有机络合态铁如乙二胺四乙酸铁、二乙三胺五醋酸铁等，有机螯合态铁也常用作叶面喷施肥；此外，还有一些上施铁肥，如氧化铁、硫铁矿矿渣粉等。

2.铁肥施用技术

通过植株样品、土壤样品检测铁含量较低时，应补充铁素。由于铁在作物体内的移动性很差，植株一旦出现缺铁症状，土施铁肥很难补充及时，因此当季矫治的较适宜的方法就是叶面喷施铁肥。下面主要介绍叶面喷施铁肥技术：果树出现缺铁症状一般叶面喷施浓度低于1%(具体视缺铁症状的轻重调整)硫酸亚铁叶面肥，建议一周喷一次直至复绿为止。因为硫酸亚铁在溶液中也易被氧化，所以应在喷洒时现配现用。目前，我国已试生产了一些有机螯合铁肥如黄腐酸铁、铁代聚黄酮类化合物等。使用铁代聚黄铜时，可喷施0.2%~1.0%浓度的铁代聚黄酮溶液；使用黄腐酸铁时，可喷施0.1%浓度的黄腐酸铁溶液，其肥效长，效果优于硫酸亚铁。叶面喷施除用于果树、林木外，也可用于一年生作物。

第六节　锰肥及其应用关键技术

一 锰的生理作用

1.参与植物光合作用过程

锰是植物叶绿体结构的主要组成成分，且在光合电子传递系统中，锰主要参与氧化还原过程，是光系统Ⅱ(PSⅡ)中的氧化剂，直接参与PSⅡ的电子传递反应。

2.锰是多种酶的活化剂，参与调节酶的活性

植物体内多达36种酶保持活性需要锰作为活化剂，同时锰也是一些酶的组成成分。和植物生长发育相关的一系列酶促反应需要锰的参与，例如磷酸化作用、脱羧基作用、还原反应和水解反应等，如糖酵解过程中

的己糖酸激酶、烯醇化酶、羧化酶、三羧酸循环中的异柠檬酸脱氢酶、α-酮戊二酸脱氢酶和柠檬酸合成酶(缩合酶)利于吲哚乙酸分解。

3.参与植物体内氧化还原反应

植物体内许多氧化还原过程也需要锰作为氧化还原剂参与其中。一些含锰酶也直接参与氧化还原反应过程,例如硝酸还原酶和羟胺还原酶均含锰,它们直接影响植物呼吸作用和硝酸还原作用等。

二 锰肥的种类及施用技术

1.锰肥种类

根据锰肥的溶解性和存在形态的不同,一般将锰肥分为可溶的锰盐(硫酸锰、氯化锰等)、难溶性锰肥(炼钢含锰炉渣、含锰工业废弃物等)和螯合态的锰(EDTA-Mn)。在具体施用上,可溶性锰盐可作为基肥土施或追肥叶面喷施;难溶性锰只能土施;螯合态锰肥往往具有活性高、叶片吸收快等特点,一般也作为叶面喷施肥料。需要指出的是,锰过量会对作物造成毒害,因此锰肥的施用要严格按照土壤锰含量和作物锰含量状况控制在安全范围内。

2.锰肥施用技术

小麦基肥亩施硫酸锰1~2千克,与细干土或细沙混匀深施,基施锰肥有效性可持续1~2年;分别在小麦苗期、越冬期、拔节期喷施0.1%~0.2%硫酸锰或按说明书规定喷施螯合态锰肥对小麦生长也有一定的促进作用。

棉花播种时采用条施或者穴施的方法,每亩施硫酸锰1.0~1.5千克;棉花现蕾和盛花期各喷施一次0.05%~0.10%浓度的硫酸锰溶液,可显著增加棉花产量。

第七节　锌肥及其应用关键技术

一 锌的生理作用

1.锌是植物体内多种酶的组成成分

据研究，植物体中已发现近60种含锌酶类，这些酶直接或间接参与植物体内多种氧化还原、光合作用等关键生化反应过程。例如，含锌碳酸酐酶在光合作用中能促进CO_2水合反应，从而大大提高植物光合作用效率，锌素缺乏会导致碳酸酐酶活性降低，影响植物体光合作用效率。

2.影响植物体内蛋白质的代谢

锌能抑制RNA水解酶的活性，稳定核糖体。锌素缺乏会引起RNA含量降低，从而使蛋白质的合成受阻。

3.其他生理作用

锌是维持植物体根系细胞膜及细胞结构稳定的必不可少的元素；锌参与植物体内生长素的合成过程，对植物生长发育起重要调节作用；锌素对增强植物抗逆性也有十分重要的作用，合理施用锌肥可以增加植物抗旱性。

二 锌肥的种类及施用技术

1.锌肥的种类

一般常用锌肥多为锌的硫酸盐，包括七水硫酸锌($ZnSO_4·7H_2O$)、一水硫酸锌($ZnSO_4·H_4O$)、碱式硫酸锌[$ZnSO_4·Zn(HO)_4$]等，粮食作物生产中也常通过叶面喷施氯化锌($ZnCl_2$)溶液的方式来补充锌。此外，锌的磷酸、硝酸盐也可作为锌肥施用。氧化锌(ZnO)不溶于水，一般和细沙土调制成糊状或配制成悬浮液来蘸根施用。含锌矿渣(ZnS)的粉末、螯合态锌肥均可作为锌肥施用。

2.锌肥的施用技术

锌肥可以基施、追施、浸种、拌种、喷施，一般做叶面肥喷施效果最好。锌肥施用在对锌敏感作物上，如玉米、水稻、花生、大豆、甜菜、菜豆、果树、番茄等施用锌肥效果较好。在缺锌的土壤上施用锌肥较好，在不缺锌的土壤上不用施锌肥。如果植株早期表现出缺锌症状，可能是早春气温低，微生物活动弱，肥没有完全溶解，秧苗根系活动弱，吸收能力差；锌-磷有拮抗作用，土壤环境影响可能缺锌。但到后期气温升高，此症状就消失了。做基肥隔年施用：锌肥做基肥公顷用硫酸锌20~25千克，要均匀施用，同时要隔年施用，因为锌肥在土壤中的残效期较长，不必每年施用。锌-磷有拮抗作用，应避免与磷肥同时施用，锌肥要与干细土或酸性肥料混合施用，撒于地表，随耕地翻入土中，否则将影响锌肥的效果。安徽省农业科学院土壤肥料研究所在宣城开展的水稻锌肥试验中，设置在常规施肥的基础上，分别在水稻拔节中期和灌浆前期，按照每公顷500升溶液的用量，喷施浓度为0.5%的$ZnSO_4 \cdot 7H_2O$（相当于每公顷2.5千克$ZnSO_4 \cdot 7H_2O$），可使水稻增产10%左右(图4-3)。

图4-3　宣城水稻锌肥试验

第八节　硼肥及其应用关键技术

一　硼的生理作用

1.硼能促进生殖器官的正常发育

植物体中的硼大量存在于生殖器官中，花粉的萌发、受精以及种子的形成均与硼相关。硼缺乏时，花药和花丝发育畸形，花粉管形成困难，对受精作用不利。因此，花而不实、穗而不孕是缺硼最为典型的表现。

2.对生长素的合成起重要作用

硼能控制作物体内吲哚乙酸的水平，保持其促进生长的生理浓度。缺硼时产生过量的生长素，会抑制根系的生长。硼有助于花芽的分化，也是抑制了吲哚乙酸活性的结果。

3.硼影响植物体内碳氮代谢

植株缺硼时会影响糖类的运转，使糖在花冠、花药中滞留，导致花器官中糖类的运转、分配及代谢异常。硼缺乏还会影响子房中氨基酸的合成。硼含量还与植株体内淀粉含量相关。

二　硼肥种类及施用技术

1.硼肥种类

目前，硼肥主要包括硼酸钠盐、加硼复合肥以及含硼矿石粉等。硼砂（$Na_2B_4O_2 \cdot 10H_2O$）是最为常见的硼肥，适宜农作物种类较广，主要用于根外追肥。

2.硼肥施用技术

在油菜苗期和抽薹期，叶面喷施0.1%~0.4%的硼砂水溶液，每亩喷施量为50~75千克，可以有效矫治油菜缺硼症状，达到较好的增产效果。采用0.03%~0.05%的硼砂水溶液进行拌种或者浸种，可以有效降低作物前期硼缺乏的风险。土施硼肥一般每亩用硼砂0.15~1.00千克,掺细土或沙子或与农家肥、过磷酸钙等混匀,在作物播种前施入土中。需要注意的是种子不可与肥料直接接触,以免发生局部毒害。硼酸的含硼量较硼砂约高54%,其用量和稀释浓度应相应减少,应用范围和施用方法与硼砂相同。硼泥也可直接作为硼肥施用,也可以硼泥为原料,制取硼镁磷肥、硼镁氮肥、含硼复合肥及有机硼肥等。其他硼肥多用作基肥或种肥。

第九节　铜肥及其应用关键技术

一　铜的生理功能

1.铜参与植物体内氧化还原反应和呼吸作用

铜是植物体内多种氧化酶的组分及一些酶的活化剂,例如细胞色素氧化酶、多酚氧化酶、抗坏血酸氧化酶、吲哚乙酸氧化酶都是含铜氧化酶。近年来又发现铜与锌共存于超氧化物歧化酶中,这种酶是所有好气性有机体所必需的。

2.铜参与植物光合作用

叶绿素中的含铜蛋白质是合成叶绿素的关键组分,在植物进行光合作用的进程中起着电子传递的作用,进而将光能转变为电能并进一步变为活跃化学能,为 CO_2的还原提供能量与还原力。

3.铜可以增强植物抗逆性

铜有杀菌的作用,可以提高植物体对真菌病害的抵抗能力。

二　铜肥的种类及施用技术

1.铜肥种类

应用较广的铜肥种类主要是铜的硫酸盐,多数为蓝色透明结晶或颗粒、粉末状,易溶于水。主要有硫酸铜、碱式硫酸铜、碳酸铜以及含铜矿渣

矿粉。

2.铜肥施用技术

一般作物对铜的敏感性较强，过量后极易对作物造成毒害。因此，铜肥的施用一定要保证安全范围。经土壤或植株测试缺乏铜素即可补充铜肥。铜肥肥效通常可持续数年，因此土施铜肥后可间隔3~5年再施。铜肥一般做基肥或者叶面肥喷施，在小麦生产中，铜肥应主要作为播种前拌种或基肥施用，以促进小麦生育前期的生长和吸收。但为保证后期铜的供应，在早期施铜不足的情况下，还应该采取中后期叶面喷施的措施。小麦播种前，采用种肥同播技术，亩基施1千克硫酸铜可以显著增产，增幅高达3.7%。

第十节　氯肥及其应用关键技术

一　氯的生理功能

1.参与光合作用

水的光解是光合作用中主要的反应之一，这一过程需要氯的参与，其主要作用是促进光合磷酸化作用和ATP 的合成，光合反应所产生的氢离子和电子是绿色植物进行光合作用时所必需的。氯供应不足时，光合作用将受到抑制，影响农作物正常生长。

2.调节气孔运动

作物在缺水或者蒸腾作用很强时，氯可以通过调节叶片气孔的开闭来增强作物的抗旱能力。

3.促进其他养分的吸收

由于氯在植物体内活性很高，且主要以离子态存在，移动性很强，作物可以通过对氯离子的吸收来促进钾和铵的吸收。

4.增强作物抗病能力

氯通过抑制土壤中氮的硝化作用改变根际微环境，使得土壤微生物繁殖速度加快，进而抑制相关病菌的滋生，如小麦条锈病、玉米茎枯病、马铃薯空心病等。

5.其他作用

氯的离子形态十分稳定，在植物体内可以通过平衡阳离子电荷来维持细胞内的渗透压在正常范围内；氯化物还是激活相关代谢酶的必要物质；植物体中一些激素的合成也受氯的影响。

二 氯肥的种类及施用技术

1.氯肥种类

目前对氯肥没有单独的分类，一般通过施用其他元素的含氯肥料为农作物补充氯，常见的品种有氯化铵、氯化钾、氯化钙等。

2.氯肥施用技术

由于氯过多施用，会使作物发生氯中毒。为防止农作物氯中毒，含氯肥料在使用时应注意作物特性，即作物的耐氯程度，一般来说，喜氯作物或者对氯敏感度低的作物，施用氯肥可取得较好的效果。此外，也应注意氯肥不能和碱性肥料一起施用，否则会导致肥料效率变低。从土壤特性考虑，一般来说，土壤含氯低于作物耐氯临界值100~300毫克/千克时，则可以施用含氯肥料。在土壤含氯量低于50毫克/千克时，所有作物均可施用，含氯化肥在土壤含氯大于200毫克/千克时，一般不宜施含氯肥料。

水稻是耐氯力强的作物，可随侧深施肥机械一起基施含氯配方肥，用量主要根据水稻对大量元素的需求量而定，一般亩施用含氯（中氯）配方肥35~50千克，后期可根据长势追施氯化钾。为避免因局部化肥浓度过高对作物造成伤害，水浇地作物施用含氯化肥要结合灌溉进行。在无灌溉设施或者灌溉条件差的旱地中施用含氯化肥时必须注意施用量和施肥位置，防止烧根、烧苗。含氯肥料一般用作底肥或追肥，不可用作种肥。小麦种植中，建议亩基施含氯专用配方肥35~50千克，采用种肥同播或撒

施深翻的方式施用，每亩可追施氯化钾3~5千克。氯化铵最好用于稻田和水浇地大田。在施用含氯化肥时，宜配合施用腐熟的有机肥，可以在提升肥效的同时降低氯离子的毒害作用。

第十一节　钼肥及其施用技术

一、钼肥的生理功能

1.参与氮的代谢

豆科作物及一些自生固氮生物在进行固氮作用时，需有固氮酶的参与，而钼是固氮酶的重要组成成分，主要存在于豆科作物的根瘤中，因此钼元素的缺乏可能导致豆科作物缺氮。钼还是硝酸还原酶的重要组分，缺钼会导致作物体内硝态氮还原为氨的过程受阻，造成硝酸盐积累，影响作物正常生长。

2.影响植物体内的代谢活动

钼可以促进植物体内糖类的转运，增加生殖器官中糖类的水解作用、同化器官中糖类的合成作用；缺钼会导致植物氧化还原反应不能正常进行，造成维生素C合成降低；钼含量与呼吸酶活性关系密切，影响植物的呼吸作用；缺钼会造成植物叶片内叶绿素含量降低，进而影响植物光合作用。

3.影响其他营养的吸收

钼与土壤、植物体内很多元素的含量、吸收有相关性，这其中最为突出的为钼与磷、硫的关系。钼能促进磷素的吸收，特别是在酸性土壤中，表现更为明显。有研究表明，只有钼素供应正常，植物才能高效地吸收硫。

二 钼肥的种类及施用技术

1.钼肥种类

常用的钼肥有易溶于水的钼酸铵和钼酸钠，还有难溶于水的三氧化钼、含钼过磷酸钙和含钼工业矿渣等。

2.钼肥施用技术

钼肥的施用应根据土壤钼供应水平、作物种类和合理的施用技术而定。土壤缺钼临界值一般以浸提法测定土壤有效钼0.15毫克/千克为标准，但土壤有效钼的临界值往往随pH而变化。在一定范围内，土壤钼的有效性随着pH的升高而升高。当土壤有效钼含量过低或者作物出现缺钼症状时，应及时施用钼肥。

大豆种植中，播种前可亩基施钼酸铵10~20克，具体施用方法为将钼酸铵溶于水，与磷钾肥或腐熟农家肥拌匀，条施或穴施。大豆拌种，每千克种子用2克钼酸铵，配成5%左右的钼酸铵溶液，喷在种子上，边喷边拌，阴干后即可播种。叶面喷施，浓度为0.05%~0.10%钼酸铵溶液，分别在大豆分枝、开花、鼓粒期，亩喷溶液 30~40千克。喷施时要将叶片正反面都喷到，以扩大吸收面、增加吸收、提高肥效。花生种植中，采用0.1%钼酸铵液浸花生种 12小时，并于花生出苗后团棵期与始花期各喷一次0.1%钼酸铵液，可使花生增产47.51%，花生仁蛋白质含量增加 2.39个百分点。

第五章 区域配方肥料及其应用关键技术

区域配方肥料是同时考虑土壤养分供应特征和养分需求规律，运用现代农业科技成果，结合区域农户施肥习惯，产前确定氮、磷、钾和中微肥的适宜用量、比例，提出产品配方、生产工艺而设计生产的适合一定区域范围的特定作物专用肥料。区域配方肥料在设计时配方合理又要求施用量适宜。区域作物专用肥有很强的针对性和技术操作性，针对特定作物、特定区域，若施用不当，不仅不能有效地发挥专用肥的肥效，还会适得其反。

第一节 区域配方肥料设计原理与方法

一 设计原理

区域配方肥料是运用现代农业科技成果，并根据一定区域范围内作物需肥规律、土壤供肥性能和肥料效应，结合有机肥施用，产前提出氮、磷、钾和中微肥的适宜用量、比例以及相应的施肥技术。其特征是“产前定肥”，具体内容包含“配方”和“施肥”两个步骤。

区域配方肥料以复混肥为主要载体，其原则在充分考虑区域土壤养分供应特点的基础上，满足作物各个生长期的营养需求，而不是一次性满足作物一生的养分需求。一般来说，一项完整的区域配肥技术体系必须考虑以下几个方面的因素：作物基础产量、目标产量及养分吸收规律；土壤养分含量；农事操作习惯；肥料的边际效应和经济效应；区域气候与作物生长需求；施用有机肥种类与数量；土壤类型与质地；原料的种类；配方的选择；生产工艺参数的优化控制。

当前，我国区域配肥的配方设计方法多种多样，但真正用于农业生产中的技术并不多。现有的区域作物专用肥主要存在以下几个方面的问题：一是绝大多数作物专用肥没有根据作物不同生育阶段养分需求设计配肥，而是根据作物一生的养分需求设计养分配方，这样易造成磷钾肥过量施用，而氮肥施用不足；二是大多数作物专用肥没有充分考虑区域土壤养分供应，设计"万能专用肥"，全国各地均可施用；三是不分基追肥，全部推荐施用专用肥，对于一些作物，特别是大田作物来说，如此推荐必然一方面造成磷钾肥的过量施用，另一方面农民为了补充氮素而追加氮肥。对我国区域配肥的发展现状进行综合分析，我们认为我国复合（混）肥产业发展迅速，化肥消费的复合化比例不断提高，但尚未形成适合我国国情的区域配肥道路，以及相关的服务配套体系（企业、推广机构、科研单位）。

对于大田粮食作物来说，作物生长和产量建成对土壤养分的依赖极大，施肥小区作物最高籽粒产量与不施肥小区作物籽粒产量呈明显的正相关，即不施肥小区籽粒产量越高，施肥获取高产的概率越大。因此，施肥推荐应充分考虑作物养分需求和土壤、环境养分供应，通过区域作物专用肥的施用，同步作物吸收、土壤（环境）养分供应和外源养分投入。与大田作物不同，蔬菜具有种类繁多、养分需求强度大、作物根系浅、养分吸收能力差等特点，因此蔬菜的区域配肥首先要考虑的是培肥地力。另外，受人为随机活动，特别是施肥的影响，蔬菜田土壤养分空间变异较大，很难准确获取一定区域范围内土壤养分空间变异状况。因此，蔬菜区域应在土壤培肥的基础上，依据养分吸收规律进行配肥。为了便于操作，可以根据蔬菜氮、磷、钾养分需求比例的不同将蔬菜分为果菜类和叶菜类生产蔬菜专用肥。与一年生大田作物不同，绝大多数果树为多年生作物，周年养分的循环、吸收和利用是一个储存营养、再吸收利用的过程。因此，应根据不同树势、不同营养阶段对养分的需求和养分在不同生育时期的作用对果树进行区域配肥。对幼树来说，肥料的作用是扩大树冠、打好骨架和扩展根系，为开花结果打好基础，因此需要充足的氮磷肥，并配施适当的钾肥。对成龄树来说，周年的养分吸收特点可分为三个阶段，结果初期施肥以促进花芽分化为目的，需重视磷肥，配施氮肥、钾肥；结果盛期施肥以优质丰产为目标，并确保来年稳产，施肥以氮磷钾配合施用为主，并适当提高钾肥比例；衰老期以促进更新复壮、延长结果期为目标，施肥应以氮为主，适当配施磷钾肥。

二 设计方法

1.省域大配方的设计

（1）确定区域不同作物的氮肥用量

根据多年多点的田间肥料试验，模拟出每个试验点的最佳施氮量，根据多点试验平均确定氮肥用量总量。分期调控：根据不同作物的养分需求特征，确定基追比例和施肥时期。

（2）确定区域不同作物的磷钾肥用量

对于磷肥管理来说，当土壤速效磷（Olsen-P）处于低水平时，磷肥管理的目标是通过增施磷肥提高作物产量和土壤速效磷含量，磷肥用量为作物带走量的1.5倍，当土壤速效磷含量中等时，磷肥管理的目标是维持现有土壤速效磷水平，磷肥用量等于作物的带走量，当土壤速效磷处于高肥力水平时，施用磷肥的增产潜力不大，不推荐施用磷肥或施用作物带走量的1/2。对钾来说，管理策略和磷相似，但作物吸收钾的80%贮存在秸秆中，故在钾肥管理中应首先强调秸秆还田。

（3）设计作物专用肥配方

在确定氮磷钾肥推荐用量的基础上，制定研究区域内主要栽培作物的氮磷钾配比，从而确定配方。对一个地区来说，为了生产和推广的方便，区域肥料配方不宜过多，配方过多不仅操作困难，还容易造成地区间混乱，反而效果不好。因此可以根据区域施肥推荐技术，为一个地区提供几种主流施肥配方，不足部分通过追肥或其他措施弥补。

（4）企业按照设计的配方生产出配方肥

提出的配方需要经工艺论证，不同配方的工艺不同，如料浆造粒（管式反应器)法生产高氮肥、尿基NPK复合肥就有困难。提供的总氮不能超过28%,氮源尿素加入量受限,而熔融造粒法总氮源可以达到46%,氮不是该工艺的限制因素。

2.县域配方设计

(1)确定县域不同作物的氮肥用量

根据多年多点的田间肥料试验，模拟出每个试验点的最佳施氮量，根据多点试验平均确定县域氮肥用量总量。根据不同作物的养分需求特征,确定基追比例和施肥时期。

(2)建立县域土壤磷钾肥力分级指标

以“对数”类型获得相对产量与对应土壤养分测试值之间的数学关系式，分别以相对产量为50%、75% 、90%和95%计算对应的土壤养分含量,根据这些值划分土壤养分丰缺指标。

(3)计算目标产量下作物磷钾养分需求量

养分需求量=目标产量×生产100千克稻谷吸磷量/100。当水稻产量低于500千克/亩时,每生产100千克稻谷吸磷量0.378千克,当水稻产量介于500~600千克/亩时,每生产100千克稻谷吸磷量0.380千克,当水稻产量介于600~700千克/亩时,每生产100千克稻谷吸磷量0.370千克,当水稻产量大于700千克/亩时,每生产100千克稻谷吸磷量0.366千克。水稻产量低于500千克/亩时，每生产100千克稻谷吸钾量1.87千克，当水稻产量介于500~600千克/亩时,每生产100千克稻谷吸钾量1.94千克,当水稻产量介于600~700千克/亩时,每生产100千克稻谷吸钾量2.05千克,当水稻产量大于700千克/亩时,每生产100千克稻谷吸钾量2.17千克。

(4)磷钾肥用量计算方法

对于磷肥管理来说,当土壤速效磷处于低水平时,磷肥管理的目标是通过增施磷肥提高作物产量和土壤速效磷含量,磷肥用量为作物需求量的1.5倍,当土壤速效磷含量中等时,磷肥管理的目标是维持现有土壤速效磷水平,磷肥用量等于作物的需求量,当土壤速效磷处于高肥力水平时,施用磷肥的增产潜力不大,不推荐施用磷肥或施用作物需求量的1/2。对钾来说,管理策略和磷相似,但作物吸收钾的80%贮存在秸秆中,故在钾肥管理中应首先强调秸秆还田。

(5)基于GIS平台设计县域肥料配方

在土壤养分分级图和目标产量图的基础上,制定研究区域内主要栽培作物的氮磷钾肥推荐用量分区图,通过施肥量图层的叠加确定肥料配方图。对于一个地区来说,为了生产和推广的方便,区域肥料配方不宜过多,配方过多不仅操作困难,还容易造成地区间混乱,反而效果不好。因此可以根据区域施肥推荐技术,为一个地区提供几种主流施肥配方,不足部分通过追肥或其他措施弥补。

第二节　安徽省主要作物的区域配方肥料配方及应用关键技术

一　省域大配方

基于氮肥总量控制、磷钾肥恒量监控技术的推荐原则,充分利用全省肥效试验、农户调查、养分吸收和专家学者的文献等数据资料,根据省域内农业生产布局、气候条件(积温和降水)、栽培条件(种植制度、灌溉条件和耕作方式)、地形(平原、丘陵、山地)和土壤条件(土壤类型和土壤肥力),确定水稻、小麦、玉米的土壤养分供应特征、作物需求规律和肥效反应,设计不同作物省域大配方。

1.养分需求总量

水稻养分需求总量受产量水平影响、不同水稻种类间差异较大,氮、磷、钾阶段吸收比例不同,安徽省水稻单位产量的氮、磷需求量随产量增加而降低、钾需求量随产量增加而增加;每生产100 千克水稻的氮、磷、钾需求量分别为1.82千克、0.375千克、1.98千克,与以往教科书(如《土壤肥料学通论》)中的结果相比,分别下降了18%、31%、24%;进一步研究发现水稻单产从小于500千克/亩提高到大于700千克/亩时,每生产100 千克水稻的氮、磷需求量分别下降11.8%和3.2%，而钾需求量提高16.0%。随着产量增加，籽粒和秸秆氮浓度降低以及氮收获指数升高导致单位产量水稻氮需求量下降，秸秆磷浓度随着产量增加而下降及磷收获指数的升高引起单位产量水稻磷需求量下降，籽粒和秸秆钾浓度随着产量增加而增加及钾收获指数的下降。

每生产100千克常规稻、杂交稻、超级稻的氮、磷、钾需求量分别为1.85千克、1.83千克、1.76千克氮，0.378千克、0.381千克、0.335千克磷，1.85千克、2.01千克、1.99千克钾。超级稻氮、磷需求量比常规稻分别低4.9%、6.1%，但钾需求量增加7.6%，原因是超级稻具有更低的秸秆和籽粒氮、磷浓度。

2.养分阶段需求特征

当前水稻在营养与生殖生长并存阶段养分需求较大。有效分蘖临界期—拔节期氮吸收量显著高于磷和钾吸收量，与实际产量相关性最大。移栽—有效分蘖临界期、有效分蘖临界期—拔节期、拔节期—抽穗期、抽穗期—成熟期氮吸收量分别占整个生育期吸收总量的24.3%、30.2%、36.1%和9.5%，磷吸收量分别占9.6%、13.4%、49.4%和22.3%，钾吸收量分别占14.3%、26.8%、42.6%和16.3%。

3.土壤养分供应特征

安徽省稻田土壤有机质平均含量为21.2克/千克(6.2~34.9克/千克)，比第二次全国土壤普查稻田土壤有机质含量20.0克/千克(7.9~46.8克/千克)增加了6%，高级别的面积比例增加了，江淮之间和沿江平原土壤有机质含量提高显著，稻田土壤有机质含量低、中、高和极高级别比例分别为14.1%、26.4%、27.2%和32.3%，空间分布规律明显，总体呈现南高北低的规律。安徽省稻田土壤全氮平均含量为1.4克/千克(0.7~2.7克/千克)，比第二次全国土壤普查稻田土壤全氮含量1.2克/千克（0.7~2.9克/千克）增加了16.7%；稻田土壤全氮含量低、中、高和极高级别比例分别为28.1%、30.4%、19.8%和22.7%，空间分布呈现南高北低的规律；稻田土壤有效磷平均含量为16.5毫克/千克(6.3~43.9毫克/千克)，比第二次全国土壤普查有效磷含量7.0毫克/千克(3.6~12.5毫克/千克)增加了135.7%，低、中、高和极高级别比例分别为29.2%、33.1%、22.1%和15.7%，总体表现为北高南低的地理分布；安徽省稻田土壤速效钾平均含量为100.8毫克/千克（32.7~193.6毫克/千克），比第二次全国土壤普查速效钾含量105.5毫克/千克（54.2~198.1毫克/千克）下降了4.5%，土壤速效钾低、中、高和极高级别比例分别为30.6%、30.2%、33.5%和5.7%，沿淮稻田土壤速效钾含量表现出下降趋势，江淮之间、沿江稻区及皖南稻区总体表现出上升趋势。

安徽省稻田土壤养分丰缺新指标。土壤有效磷含量<10毫克/千克为低，10~15毫克/千克为中，15~20毫克/千克为高，>20毫克/千克为极高；土壤速效钾含量<80毫克/千克为低，80~120毫克/千克为中，120~140毫克/千克为高，>140毫克/千克为极高。

4.施肥分区

根据稻田土壤养分丰缺新指标，结合全省水稻种植制度、气候资源及产量水平，可将安徽省水稻生产划分为沿淮稻区、江淮之间稻区、沿江稻区、皖南稻区4个施肥分区。4个施肥分区土壤有效磷平均含量分别为20.8毫克/千克、18.5毫克/千克、12.1毫克/千克、8.3毫克/千克，土壤速效钾平均含量分别为120.4毫克/千克、115.0毫克/千克、83.2毫克/千克、61.7毫克/千克。安徽省沿淮稻区、江淮之间稻区、沿江稻区、皖南稻区土壤磷钾肥力特征分别为高磷高钾、高磷中钾、中磷中钾、低磷低钾。

5.氮磷钾肥推荐用量

水稻氮肥“总量控制，分期调控”技术。安徽省早稻400千克/亩和500千克/亩两个目标产量水平下，氮肥总量分别控制在9~11千克/亩、11~13千克/亩，一季稻/晚稻500千克/亩和600千克/亩两个目标产量水平下，氮肥总量分别控制在10~12千克/亩、12~14千克/亩；与农民习惯施肥相比，水稻氮肥“总量控制、分期调控”技术可节氮10%~20%。

根据土壤肥力、目标产量和种植制度建立水稻磷钾“恒量监控”技术指标，安徽省沿淮稻区适度减磷钾、江淮之间稻区适度减磷、沿江稻区适度增磷和皖南稻区适度增磷钾。一季稻/晚稻目标产量为500千克/亩时，在低、中、高、极高肥力水平时磷肥用量分别为5千克、3.6千克、1.8千克、0千克 P_2O_5/亩；一季稻/晚稻目标产量为600千克/亩时，对应磷肥用量分别为6千克、4千克、2千克、0千克P_2O_5/亩；早稻目标产量为400千克/亩时，对应磷肥用量分别为6千克、4千克、2千克、0千克 P_2O_5/亩，目标产量为500千克/亩时，对应磷肥用量分别为7.5千克、5千克、2.5千克、0千克 P_2O_5/亩。一季稻500千克/亩和600千克/亩两个目标产量水平下，沿淮稻区、江淮之间稻区、沿江稻区、皖南稻区磷肥用量分别为1.8千克、1.8千克、3.6千克、3.6千克 P_2O_5/亩和2千克、2千克、4千克、4千克 P_2O_5/亩。早稻400千克/亩和500千克/亩两个目标产量水平下，江淮之间稻区和沿江稻区磷肥用量分别为2千克、4千克 P_2O_5/亩和2.5千克、5千克 P_2O_5/亩。安徽省水稻土壤肥力等级为低、中、高、极高时，对应的早稻钾肥推荐量分别为7千克、4.5千克、2.5千克、0千克 K_2O/亩，对应的一季稻/晚稻钾肥推荐用量分别为7.5千克、5千克、2.5千克、0千克 K_2O/亩。江淮之间和沿江稻区早稻钾肥推荐量分别为2.3千克K_2O/亩和4.5千克 K_2O/亩。

6.区域配方

沿淮稻区高磷高钾土壤的适宜配方肥为20-10-10和22-8-10，此类配方肥磷和钾比例相对较低，充分利用土壤中的磷钾，实现节本增效的目标。江淮之间稻区高磷中钾土壤的适宜配方肥为20-10-15，此类配方肥钾比例高，在保证产量的同时，达到增加土壤钾肥力的目标。沿江稻区中磷中钾土壤的适宜配方肥为18-12-15、17-12-16和17-13-15，此类配方肥中氮、磷和钾含量相对接近，满足水稻养分需求，实现氮磷钾素均衡供应，增产增效。以芜湖县水稻应用配方肥（18-12-15）为例，与农民习惯施肥相比，配方肥平均节约氮肥1千克/亩，产量增加12%，肥料利用率提高 11%。皖南稻区低磷低钾土壤的适宜配方肥为18-10-12，此类配方肥中磷和钾含量高，以氮为基准施用配方肥，磷和钾的投入量将大于水稻养分吸收量，在保证产量的同时，达到培肥地力的目的。全省部分地区低磷高钾土壤进行“小调整”的适宜配方肥为25-13-7、20-20-5、20-15-10和18-15-12，此类配方肥中磷含量高、钾含量较低，配方肥中增加磷的比例，培肥磷肥力，减少钾肥投入，达到节本的目标。此类配方也适用于早稻和冷浸田水稻生产，解决早期温度低土壤磷有效性低的问题。全省部分地区高磷低钾土壤进行“小调整”的适宜配方肥为20-8-20，此类配方肥中磷含量低、钾含量高,减量施用磷肥,一是节本,二是环境保护。区域大配方是针对不同施肥分区一季稻的施肥策略而设计的，而对于双季稻,可以在系列大配方中选择适宜的配方,早稻生长初期温度低,土壤有效磷活性不高,配方中应增加磷含量,其中25-13-7、20-20-5和20-15-10比较适合早稻生产。晚稻生长季温度高,土壤磷有效性高,配方肥中可适当减少磷肥比例，系列大配方中的20-8-20和20-10-15比较适宜晚稻生产。沿江稻区土壤阳离子交换量低,适宜选用一种水稻功能型配方肥,配方为12-10-8,选用热法磷肥作为肥源,肥料中富含钙、硅、镁等中量元素,增强了水稻抗倒伏和抗病虫害的能力,该功能型配方肥与农民习惯施肥处理相比,增产6.1%。此配方也适用于皖南稻区冷浸田水稻,缓解稻田土壤温度低带来的问题。

二 县域配方

由于安徽省各县土壤养分供应特征不同,种植制度及产量水平有差异,省域大配方基本适用,但如果更有针对性,各县需要有不同作物的配方,对省域大配方进行小调整。

1.基于GIS的县域配方设计(以芜湖县为例)

(1)芜湖县土壤有机质分级

根据土壤测试数据，芜湖县土壤有机质可以分为四级:<20、20~30、30~40、>40。从芜湖县土壤有机质分级及区域分布情况可以看出,芜湖县土壤有机质变异不大,氮肥推荐适合总量控制、分期调控技术,所以建立了基于氮肥区域总量控制、分期调控技术的氮肥推荐。根据芜湖县“3414”试验结果,参考《中国主要作物施肥指南》的施肥结果,氮肥总量控制为15千克/亩,氮肥中有40%~50%作为基肥施入,推荐基肥施氮量为7千克/亩。

(2)芜湖县土壤有效磷分级与水稻磷肥推荐用量

利用施肥指标体系中对芜湖县土壤测试数据的分级指标,将芜湖县土壤有效磷分为四个等级，分别是<5毫克/千克、5~10毫克/千克、10~20毫克/千克、>20毫克/千克。利用地统计学插值方法及Arc Gis软件,绘制出芜湖县土壤有效磷养分分级图。根据磷钾恒量监控技术,并参照《中国主要作物施肥指南》的施肥结果,制订了不同级别的施肥量,分别是9千克/亩、7千克/亩、5千克/亩、2千克/亩,在有效磷分级图上将不同级别分级设置以上四个推荐用量,得出芜湖县磷肥推荐用量图。

利用施肥指标体系中对芜湖县土壤测试数据的分级指标将芜湖县土壤速效钾分为四个等级,分别是<50毫克/千克、50~70毫克/千克、70~100毫克/千克、>100毫克/千克,利用地统计学差值方法及Arc Gis软件,绘制出芜湖县土壤有效钾养分分级图。根据恒量监控技术,并参照《中国主要作物施肥指南》的施肥结果,制订了不同级别的施肥量,分别是10千克/亩、8千克/亩、6千克/亩、2千克/亩,在有效钾分级图上将不同级别分别设置以上四个推荐用量,得出芜湖县钾肥推荐用量图。

(3)芜湖县水稻配方图的设计

在芜湖县水稻氮肥基肥用量有一个,为7千克/亩,磷肥推荐用量有4个,分别为2千克/亩、5千克/亩、8千克/亩和10千克/亩,钾肥推荐用量也有4个,分别为2千克/亩、6千克/亩、8千克/亩和10千克/亩。图层叠加后得到16个基肥配方,分别为26-11-8、20-18-17、23-16-19、18-12-15、16-11-18、20-20-5、16-16-13、18-22-5、14-14-17、15-18-12、13-17-15、12-16-17,从各配方适用区域可以看出,26-11-8、20-20-5、16-16-13、13-17-15和12-16-17图斑面积较小,在设计区域肥料配方时可以不考虑,还剩下几个配方根据图斑面积和配方的相似度可以把芜湖县的配方合并为4个配方,分别为17-15-13、15-18-12、18-12-15、20-15-10,配方17-15-13适用于方村、陶辛大部分区域,红杨西部区域;配方15-18-12适用于湾址和红杨东部区域;18-12-15适用于六郎大部分区域;配方20-15-10适用于六郎东部区域,花桥大部分区域和红杨东部少部分区域。

根据芜湖县中籼稻测土配方施肥技术指标体系和基于GIS 的区域配方图,设计了相应的施肥建议,如表5-1。

表 5-1 芜湖县水稻推荐配方及施肥建议(单位:千克/亩)

土壤肥力	配方	基肥用量	追尿素量(空白产量<400千克/亩)			追尿素量(空白产量≥400千克/亩)			追氯化钾量
			蘖肥	穗肥	粒肥	蘖肥	穗肥	粒肥	蘖肥
低磷低钾区	17—15—13	4	4	4	4	4	4	0	5
低磷中钾区	15—18—12	7	4	4	7	4	7	0	8
中磷低钾区	18—12—15	9	4	4	9	7	9	0	6
中磷中钾区	20—15—10	9	4	4	9	7	9	0	9

三 安徽省县域的不同作物配方肥主流配方

1.水稻的配方肥主流配方

安徽省不同县域水稻的配方肥主流配方分别为:怀远县24-8-10、肥西县22-8-12、蚌埠市各县19-13-12、凤台县16-12-15、天长市22-10-12、庐江县19-10-16、潜山县19-12-14、大通区25-8-12、太湖县15-12-18、凤台县20-12-13、淮上区19-13-13、毛集区20-12-13、五河县12-15-18、潘集区23-10-12、东至县19-8-18、谢家集22-10-13、石台县18-10-17、歙县16-10-19、来安县18-11-16、黟县16-11-18、明光市20-10-15、叶集区24-8-13、全椒县17-11-17、裕安区20-11-14、天长市18-12-15、和县18-14-13、颍上县25-10-10、南陵县17-10-18、宣州区20-15-10、郎溪县17-13-1、宜秀区20-10-16、华阳河18-12-16、东至县18-11-17、庐江县21-8-19、宿松县20-10-18、毛集区24-11-13、宣州区17-15-16、铜陵市18-14-16、望江县22-12-17、凤台县23-12-15。

2.小麦的配方肥主流配方

安徽省不同县域小麦的配方肥主流配方分别为：天长市17-13-10、相山区23-12-12、阜南县22-8-10、霍邱县24-9-10、颍上县18-12-10、无为县26-13-16、蒙城县22-12-8、蒙城县22-12-11、濉溪县20-12-10、谯城区23-15-13、大通区22-8-12、阜南县28-8-7、烈山区22-12-10、埇桥区24-12-14、蚌埠市20-12-13、太和县28-13-12、怀远县22-10-13、颍州区26-14-16、淮上区23-11-11、凤台县25-12-14、五河县18-15-12、固镇县

20-15-9、五河县22-13-10、凤阳县20-10-15、埇桥区22-11-15、全椒县19-11-11。

安徽省不同县域小麦的配方肥主流配方分别为：怀远县25-13-7、杜集区27-8-10、怀远县28-8-9、烈山区16-12-6、怀远县18-10-12、砀山县20-10-15、利辛县26-810、砀山县24-9-12、凤阳县16-12-12、凤阳县18-13-14、来安县18-11-16、阜南县26-6-10。

第三节 “大配方、小调整”技术

基于“GIS”技术对小麦、玉米、水稻进行区域配方制定和发布分区施肥指导方案，提出区域“大配方、小调整”施肥推荐技术。即区域大配方在指导农民施肥中，依据现有的土壤养分值调整施肥。为了验证大配方在生产中的应用效果，研究区域或省域大配方是否需要根据田块的土壤肥力进行施肥的小调整。

芜湖水稻主流配方为18-12-15，在芜湖水稻生产中施用方法为基肥施用配方肥（18-12-15）35千克/亩，在分蘖肥时期追施尿素8千克/亩，穗肥时期追施尿素7千克/亩。对安徽省芜湖县2个示范村及周边3个村庄农户调研显示，配方肥用户明显提高了水稻产量，调查数据表明其他管理措施相同的情况下，施用配方肥比没有施配方肥用户平均增产7%，并且配方肥提高了磷钾肥的用量，利于培肥地力。配方肥对水稻产量增产作用明显，试验配方肥用户、示范村配方肥用户、普通配方肥用户、非配方肥用户4类用户产量依次递减，变异系数依次递增。试验配方肥用户平均产量为615千克/亩，比非配方肥用户增产15%，变异系数为8%；示范村配方肥用户平均产量为581千克/亩，比非配方肥用户增产7%，变异系数为14%；普通配方肥用户平均产量为556千克/亩，比非配方肥用户增产4%，变异系数为13%；非配方肥用户平均产量为534千克/亩，变异系数为13%。调查表明，施用了配方肥的用户可以实现4%~7%的增产效果，如果施用了配方肥同时使用了配套的高产栽培技术，可以实现15%的增产效果。

为了进一步验证芜湖县水稻主流配方的适宜性，2010年，芜湖县六郎镇万锹村和东八村同时开展了15个点的大田生产试验，通过产量、养分吸收量、效率参数验证分析，得出以下结论：①大配方增产作用明显，15个试验点农民习惯处理的水稻产量平均值为593千克/亩，分布范围从471千克/亩到725千克/亩；②配方肥处理的产量平均值为662千克/亩，分布范围为526~718千克/亩；③以农民习惯产量作为100%计算，配方肥处理每个试验的产量百分数从96%到120%均有分布，平均值为104%，施用配方肥与农民习惯相比总体上有增产效果，平均增产率为4%。

15个试验中，有5个试验的配方肥处理较农民习惯增产5%以上，10个产量持平（±5%）。小调整处理产量平均值为591千克/亩，分布范围为493~706千克/亩，以农民习惯产量作为100%计算，每个试验的产量百分数从88%到121%均有分布，平均值为100%，小调整处理与农民习惯处理相比总体上基本持平，其中，有5个试验点较农民习惯增产5%以上，5个点产量持平（±5%），5个点有所下降。

配方和小调整氮肥增效效果均优于农民施肥。15个试验点农民习惯的氮肥肥效PFPN平均值为37千克/千克，分布在29~45千克/千克，变幅较大。大配方处理的PFPN值最大，范围在41~54千克/千克，平均值为47千克/千克，与农民习惯相比，PFPN增加27%，增效显著。每个试验大配方处理的氮肥偏生产力与农民习惯相比均表现出增加趋势，效率百分数分布在114%~150%，表明配方肥在该区域增效效果稳定。小调整处理的平均氮肥偏生产力的平均值为46%，分布在39%~54%，与农民习惯的37千克/千克相比增效23%。大配方与小调整处理的施氮量基本一致，小调整主要是根据土壤测试值，调整了磷肥与钾肥用量。

表 5-2 大配方与小调整产量与磷钾肥用量比较

试验编号	产量		施磷量		施钾量	
	大配方	小调整	大配方	小调整	大配方	小调整
DB2	680	674	5	2	8	6
DB3	658	667	5	5	8	6
DB5	624	596	5	2	8	8
DB7	572	556	5	3	8	6
DB8	683	657	5	2	8	6
DB9	600	543	5	5	8	6
DB10	526	493	5	5	8	6
WQ13	573	521	5	2	8	5
WQ14	585	591	5	5	8	5
WQ15	618	556	5	5	8	7
WQ16	632	597	5	5	8	7
WQ17	631	594	5	5	8	5
WQ18	567	570	5	5	8	5
WQ19	562	551	5	5	8	7
WQ20	718	706	5	2	8	4
平均	615	591	5	4	8	6
标准差	53	61	0	1	0	1
最大值	718	706	5	5	8	8
最小值	526	493	5	2	8	4

由表5-2可以看出，五个试验点(2、5、7、13、20)下调了磷肥用量，所有试验点钾肥用量都有所下调，其中五个试验点(13、14、17、18、20)幅度大一些，施磷量平均降低了19%，施钾量平均降低了25%，产量下降了3%。籽粒含磷量、含钾量及秸秆含磷量基本相同。小调整可以降低肥料用量，提高效率，避免不必要的浪费。所以在大配方的基础上，条件允许的情况下，可以进行适当的小调整。

第六章 有机无机复合肥料主要类型及其应用关键技术

第一节　生物有机肥

一 生物有机肥定义

长期受化肥影响，植物根系的分泌物含量也会发生变化，从而改变土壤中微生物的生存环境，导致土壤中微生物的数量发生变化。因此，开发新型肥料成为学者的重点研究方向。在此背景下，一种区别于传统有机肥与单纯菌肥的新型肥料——生物有机肥在全球农业生产中成为各国关注的重点。

生物有机肥是指特定功能微生物与主要以动植物残体（如畜禽粪便、农作物秸秆等）为来源并经无害化处理、腐熟的有机物料复合而成的一类兼具微生物肥料和有机肥效应的肥料。生物有机肥中含有多种有益微生物菌剂，有益微生物分为发酵菌和功能菌。发酵菌一般由丝状真菌、芽孢杆菌、无芽孢杆菌、放线菌、酵母菌、乳酸菌等组成，它们能在不同温度范围内生长繁殖，能加快堆体升温，缩短发酵时间，减少发酵过程中臭气的产生，增加各种生理活性物质的含量，提高生物有机肥的肥效。功能菌一般由解钾菌、解磷菌、固氮菌、光合细菌、假单胞杆菌及链霉菌等组成，它们除具有解钾、解磷、固氮等作用外，还具有提高植物抗病、抗旱等能力。

二 生物有机肥发展现状

近几年,随着生物有机肥产业的不断发展,我国研发了很多可以提高农作物产量、防治病虫害的生物有机肥,不但能够变废为宝,而且能够极大地减轻环境污染。目前,生物有机肥在绿色农产品生产基地、生态示范区等方面得到了广泛的应用,取得了较好的应用效果。生物有机肥是绿色生态农业发展的基础之一,对保障食品的质量安全起到重要的作用。不仅如此,生物有机肥的开发应用还具有提高经济效益、生态效益和社会效益的作用,是实现农业可持续发展的有力保障。

三 生物有机肥分类

生物有机肥的分类方法多样,根据其所包含的微生物种类和功能的不同可分为单一功能生物有机肥、多功能生物有机肥以及具有抗病作用的生物有机肥。单一功能生物有机肥即应用在农业生产中可获得特定肥料效应的生物有机肥,能提高土壤供肥能力,包括磷细菌生物有机肥、固氮菌肥、解钾菌生物有机肥等。多功能生物有机肥,即含有两种或两种以上功能性微生物的生物有机肥,比单一功能生物有机肥功能更全面。具有抗病作用的生物有机肥,即在功能性微生物菌剂的基础上加入生防菌剂或与其结合使用而制成的生物有机肥。生防菌剂可抑制植物根际病原菌繁殖,提高植株抗性,减轻病害发生。

此外,根据有机质载体种类的不同,生物有机肥主要分为秸秆类有机肥、畜禽粪便类有机肥、腐殖酸类有机肥、渣类有机肥和生活垃圾、污泥类有机肥等。常见的有秸秆生物有机肥、牛粪型生物有机肥、酒糟生物有机肥、蔗渣灰生物有机肥、蝇蛆生物有机肥、葛根菌糠生物有机肥等。

四 生物有机肥的功能微生物

生物有机肥中的有益微生物会在土壤中大量定殖形成优势种群,占据根区生态位,拮抗或抑制其他有害微生物如部分病原微生物的生长繁

殖,以减少其侵染作物根际的机会。许多微生物菌种在生长繁殖过程中会产生对作物有益的代谢产物,如维生素、氨基酸、核酸、吲哚乙酸、赤霉素等生理活性物质,能够刺激作物生长,增强作物的抗病抗逆能力。

1.芽孢杆菌类

在生物有机肥中广泛应用的芽孢杆菌菌种有地衣芽孢杆菌、侧胞芽孢杆菌、枯草芽孢杆菌、巨大芽孢杆菌、胶质芽孢杆菌等。地衣芽孢杆菌具有杀虫、抗菌、生物降解等多种生物学活性,被认为是芽孢杆菌属中具有生防应用价值的菌种之一。目前,地衣芽孢杆菌已在水稻、小麦、烟草等多种食品粮食作物和果蔬经济作物上应用并取得良好的病害防治效果。枯草芽孢杆菌是目前应用较多的一种生防细菌,可抑制多种植物病原菌,具有广谱抗菌活性和抗逆能力,已广泛应用于微生物肥料和环境保护等领域。巨大芽孢杆菌也是一种被广泛应用在环境保护和抑制植物病原菌方面的微生物菌种,其能分泌大量有机酸、植酸酶、磷酸酶、核酸酶,具有很好地分解土壤中难溶性无机磷和有机磷的功效,因此也被作为生产磷钾细菌肥料的常用菌种。

2.固氮菌类

氮素是作物生长必需的大量营养元素, 但是化学氮肥过量使用,不仅会降低蔬菜、水果等产量和品质,还会对环境产生不利影响。而生物固氮是对生态友好的氮素供应方式。固氮菌除可以帮助生物固氮,为植物生长提供必需的氮素外,还可以提高植物的抗性,增加对其他营养元素的吸收。此外,固氮菌也可以分泌有机酸,在活化土壤无效钾的过程中起重要作用。最常见的一种固氮菌类是根瘤菌,其与豆科植物的共生是生物固氮体系中作用最强的体系。

3.光合细菌

光合细菌是以CO_2和有机物作为光合作用碳源,以有机物、氢气或硫化物为供氢体而营养繁殖的原核生物的总称, 在不同的自然条件下,具有固氮、脱氢、固碳、氧化硫化物等多种功能。

五 生物有机肥的肥效机制

首先,生物有机肥中含有丰富的有机、无机养分。长期施用化肥,只能给作物提供一种或几种养分,作物会产生缺素症状,而生物有机肥含有大量的有益微生物并且养分全面,包括氨基酸、蛋白质、糖类等有机成分与氮、磷、钾等多种元素,肥效长。这些养分不仅可以供作物直接吸收利用,而且可以增强土壤中酶的活性,有效改善土壤的保肥性、保水性、缓冲性和通气状况,有利于养分转化,为作物提供良好的生长环境。此外,生物有机肥还提升了土壤的有机质含量,所提升的有机质在经过微生物分解作用后形成新的营养基质,混合土壤中其他营养物质,形成新的无机复合体,加速土地中营养团粒的形成,达到协调土壤水肥、营养物质的效果,使得土壤松化,提升耕作效果。

其次,生物有机肥富含各种生理活性物质。生物有机肥中的微生物在活动过程中产生的代谢产物如维生素、氨基酸、核酸、吲哚乙酸等生理活性物质,能促使植物根系生长、增强作物的新陈代谢能力,增加作物的生物量。而代谢产物抗生素类物质能提高作物的抗病能力。此外,生物有机肥中的有机物料矿化及腐殖化时形成的腐殖酸能络合磷肥中的磷,从而防止土壤对磷的固定,且有机物质分解产生的草酸、柠檬酸、琥珀酸等小分子有机酸也能使土壤中难溶磷活化,进而有利于作物吸收。另外,极易挥发的NH_3,也能被腐殖酸及草酸、柠檬酸、琥珀酸等有机酸固定而增加作物利用氮素的效率。

此外,应用生物有机肥后,会有很多植物有益代谢物产生;应用硅酸盐类细菌肥料会形成生长素、赤霉素和很多活性物质。维生素B_1、维生素B_2以及维生素B_{12}可通过固氮菌素肥分泌,同时还会产生很多吲哚乙酸生长素,其在调节作物生长过程当中发挥着十分重要的作用。有益微生物的大量繁殖使得土壤的微生物群落发生改变, 在植物根际形成优势菌群,能有效地抑制其他有害微生物的生长,从而减少病原微生物侵染作物的机会。并且有益微生物与作物根系形成互惠的共生关系,刺激作物

根系的生长发育，增强作物的抗性，减少病害的发生。同时，有益微生物的活动能够加快有机的矿化腐殖化，有助于土壤形成团粒结构，降低土壤容重，增加土壤通透性，提高土壤保水、保肥能力，从而改善土壤质量。

六 生物有机肥的生产工艺

在我国种植农作物的过程中，保证生物有机肥的技术含量是很重要的过程。产品的生产工艺决定了有机肥的活菌数。生产生物有机肥一般要经过发酵、造粒、过筛与包装等过程（图6–1）。

图6–1　生物有机肥加工装置

在生产发酵的过程中，通常使用的技术是耗氧的发酵技术，物料当中的有机物质通过微生物的代谢来达到降解的目的。除此之外，大部分的工厂也有在应用槽式堆置、平地堆置、塔式、密封舱式发酵法等发酵工艺，但是最主要的还是采用槽式堆置发酵法。发酵成功的关键就是在发酵过程中要控制好水分、温度以及正确使用腐熟剂，保证经过腐蚀的材料能够实现产品的无害性。

在造粒过程中，关键在于选择正确的造粒方式。现在的造粒方式主要有两种：挤压造粒与圆盘造粒。挤压造粒的优点是对物料的要求很低，生产操作较为简单，颗粒较硬，贮运比较方便，缺点是产品的带粉率太高,质量合格率较低,成本太高。圆盘造粒的优点是生产出的产品质量好、可混性好,市场大,缺点是投资成本很大,限制物料的条件很多,颗粒不够坚硬,所以在运输过程中很不方便。生物有机肥生产工艺中一般都是采用圆盘造粒方式之后再烘干的方式。

七 生物有机肥的施用关键技术

生物有机肥具有增加作物产量、提高作物品质、改善土壤环境、防治病虫害等效果,但其养分含量相对化学肥料较低。在农业生产中,一般采用生物有机肥配合化学肥料施用的方法,起到部分代替化肥,减少化肥用量,同时充分发挥生物有机肥的功能。农作物种类多样,不同作物生长规律和需肥特性差异较大,以下介绍主要农作物(水稻、小麦、玉米)和蔬菜等经济作物的生物有机肥施用关键技术。

1.水稻生物有机肥施用关键技术

水稻施肥中,采用生物有机肥替代化肥养分20%~30%后,水稻的产量和品质可相当或高于施用等量化肥的效果,且对环境的影响可降低30%以上。

技术要点:

生物有机肥选择:以优质牛羊粪、优质腐殖酸为生物有机肥选择原料,经过高新科技发酵技术进行发酵腐熟,添加功能微生物菌种和中微量元素,产品含有丰富的有效活菌,能修复土壤菌群,改善土壤团粒结构,可有效抑制重茬病害和土传病害的生物有机肥,其有效氮含量>1.0%、有效磷含量>1.5%、有效钾含量>1.5%,总养分含量在5.0%以上,有机质含量在40%以上,有效活菌数>0.2亿个/克。

施用量及计算方法:生物有机肥替代化肥20%~30%用量,替代量以磷元素为指标进行计算,一般水稻生物有机肥最佳用量为120千克/亩。

施用时期:在水稻季整地之前作为基肥施用,也可施于前茬作物季(小麦、油菜等)。

配套施肥技术:氮肥用量14千克 N/亩,氮肥运筹方式为基肥40%、蘖肥30%和穗肥30%,磷肥用量4千克 P_2O_5/亩,钾肥用量6千克 K_2O/亩。

技术效果：

生物有机肥替代化肥20%~30%用量，水稻可增产6.5%~11.1%。氮肥利用率提升0.6%~3.1%。

2.小麦生物有机肥施用关键技术

以提高小麦品质、稳定小麦产量、改善土壤质量为目标，依据配方施肥技术，在区域常规施用化肥量的基础上减少10%化肥投入，根据土壤肥力状况施生物有机肥，严格控制化肥氮磷钾的施用量，实施生物有机肥配施化肥提增效的原则。

技术要点：

施用量及计算方法：按照化肥减量10%配施生物有机肥，根据当地土壤肥力状况，配施80~120千克/亩的生物有机肥（品种选择同水稻）。

施用时期：犁地前人工或机械均匀撒施，采用大中功率拖拉机带犁耕深25~30厘米，达到均匀一致、覆盖严密、到头到边、不重不漏。

配套施肥技术：秸秆还田，前茬作物秸秆切碎长度小于8厘米，掩底。依据测土配方技术在推荐常规化肥用量的基础上减少10%用量，磷肥、钾肥全部作为基肥，氮肥总用量的60%作为基肥，采用小麦种肥同播技术，集撒肥、耕地、播种、镇压等功能于一体，其中种肥同播机旋耕的深度超过15厘米，使化肥充分分散在土层里（表6–1）。冬小麦拔节中期，氮肥总用量的40%作为追肥施入，通过沟施、中耕机械配施或滴灌施肥系统随水施肥，利用滴灌系统，先滴清水60分钟左右，打开施肥阀，均匀施肥至滴水结束前约60分钟结束施肥。

表6–1　不同土壤肥力小麦氮磷钾肥料推荐用量（千克/亩）

肥料类型	高肥力	中肥力	低肥力
N	13～15	15～17	17～19
P_2O_5	4.0～5.5	5.5～8.0	8.0～9.5
K_2O	0～2	2～4	4.0～5.5
生物有机肥	80	120	120

技术效果：

生物有机肥替代化肥用量10%，小麦增产幅度为10.3%~12.7%。

3.玉米生物有机肥施用关键技术

玉米施肥中,采用生物有机肥替代化肥养分15%~30%,玉米产量和品质可相当或高于施用等量化肥的效果,肥料利用率显著增加。

技术要点:

施用量及计算方法:按照玉米氮肥和磷肥30%配施生物有机肥,根据当地土壤肥力状况,配施80~160千克/亩的生物有机肥(品种选择同水稻),优选生物有机肥用量为80千克/亩。

施用方法:犁地前人工或机械均匀撒施,采用大中功率拖拉机带犁耕深25~30厘米,达到均匀一致、覆盖严密、到头到边、不重不漏。

配套施肥技术:一次性与生物有机肥同时施入复合肥($N+P_2O_5+K_2O$,25–10–16≥51%)40千克/亩;或一次性基肥施入氮磷钾肥,氮肥用量11千克 N/亩,磷肥用量4千克 P_2O_5/亩,钾肥用量4千克 K_2O/亩。

技术效果:

生物有机肥替代化肥用量15%~30%,玉米增产幅度为1.3%~39.7%,且提高了玉米的籽粒品质、抗病性和抗逆性。

4.蔬菜等经济作物生物有机肥施用关键技术

化肥减量配施生物有机肥能很好地发挥改良土壤、满足作物大量养分需求的双重效果,对发展绿色生产、提升经济及蔬菜作物品质有利。

棉花:生物有机肥替代化肥用量30%,其施用量为80千克/亩。基肥:尿素(N,46%)3.2千克/亩+复合肥($N+P_2O_5+K_2O$,25–10–16≥51%)20千克/亩+硫酸钾(K_2O,50%)2.7千克/亩+生物有机肥80千克/亩;见花时追肥:尿素15.3千克/亩+硫酸钾7.3千克/亩。此时,籽棉产量增加9.6%~59.1%。

油菜:生物有机肥替代化肥用量30%,其施用量为100千克/亩。氮肥(N)用量8.4千克/亩,氮肥基肥:抽薹肥为3:7,磷肥(P_2O_5)用量3.5千克/亩,钾肥(K_2O)用量4.2千克/亩,磷钾肥全部基肥施用。此时,油菜产量增加31.2%。

甜菜:生物有机肥用量400千克/亩,替代化肥用量50%。施甜菜专用复合肥($N+P_2O_5+K_2O$,12–18–15≥45%)30千克/亩,所有肥料采用一次性基肥的方式施入。甜菜产量提高10.7%。

枸杞：一次性基肥施用生物有机肥600千克/亩，化肥少施或不施。枸杞浆果纵径、横径、百粒重、可溶性固形物含量、多糖含量、维生素C含量等显著提高。

番茄：一次性基肥施用生物有机肥150千克/亩。基肥复合肥（$N+P_2O_5+K_2O$，15-15-15≥45%）50千克/亩，尿素10千克/亩。后每隔15天连续追3次肥料，每次追尿素7千克/亩、水溶肥（$N+P_2O_5+K_2O$，20-20-20≥60%）7千克/亩，每次用水量3吨/亩。番茄产量提高8.2%~10.1%。

辣椒：一次性基肥施用生物有机肥533千克/亩，替代化肥30%。基肥复合肥（$N+P_2O_5+K_2O$，15-15-15≥45%）53千克/亩，硫酸钾12千克/亩。辣椒坐果时及第一次采摘后追肥，每次追尿素13千克/亩，硫酸钾12千克/亩。辣椒产量增加4.8%~17.1%。

西瓜：一次性基肥施用生物有机肥400~500千克/亩，替代化肥25%。基肥硫基复合肥（$N+P_2O_5+K_2O$，18-7-20≥45%）53千克/亩。西瓜产量增加4.5%~8.0%。

韭菜：一次性基肥施用生物有机肥400千克/亩，替代化肥20%。养根期，施氮肥（N）18.0千克/亩，磷肥（P_2O_5）7.3千克/亩，钾肥（K_2O）13.3千克/亩；生产期追施氮肥15.3千克/亩，磷肥6.3千克/亩，钾肥11.3千克/亩。韭菜产量增加7.3%~10.6%，维生素C、可溶性蛋白及可溶性糖的含量分别增加19.7%~39.3%、7.5%~22.9%、12.3%~33.1%。

丝瓜：一次性基肥施用生物有机肥500千克/亩。基肥施用复合肥（$N+P_2O_5+K_2O$，15-15-15≥45%）20千克/亩，每10天滴施高钾水溶肥1次，共12次，每次用量5千克/亩。丝瓜增产16.0%。

娃娃菜：一次性基肥施用生物有机肥400千克/亩。基肥施用复合肥（$N+P_2O_5+K_2O$，15-15-15≥45%）50千克/亩，磷酸二氢铵25千克/亩。娃娃菜产量增加17.7%~18.1%。

八 生物有机肥存在的问题及发展趋势

我国现今有机肥应用已经得到了一定的发展，但由于各种因素，生物有机肥在研究、施用过程中还存在一些明显的不足，严重制约了生物有机肥的发展。例如先期生产设备不足,导致产品质量不高、生产效率低;还有一些产品因为制作原料的原因,存在重金属超标的情况,这种产品施用后不仅对土壤环境有影响,重金属被植物吸收,食用后还会对人体健康产生不利影响。

未来生物有机肥的发展亟待一套标准化、体系化的生产管理模式,产品出厂标准、生产工艺流程、检测审计标准等都是规范行业标准中必须要解决的。应用方面,要先进入绿色农产品生产基地、生态示范区,经由商业模式推广进入大众视野。生物有机肥是绿色生态农业发展的基础,大力发展有机肥是我国农业生产应用走向现代化的关键。

第二节　炭基肥及其应用

一　炭基肥发展现状

生物炭是植物或废弃的原料通过热裂解而产生的固体材料,由于具有独特的理化性质被广泛用作土壤改良剂。近年来,将生物炭用作缓释肥料的载体制备炭基肥(biochar-based fertilizers,BFs),能够有效解决生物资源浪费,提高肥料利用率,改善土壤环境,减轻地下水污染和水体富营养化,以及温室气体排放等一系列环境危害,对促进农业可持续发展具有重要的意义。生物炭基肥作为一种新型环保肥料,近年来一直受到农业与环保领域的广泛关注,经过多年的研究与实践,在制备以及应用研究方面已有了一定的进展。

二　炭基肥分类

根据原料组成,炭基肥可以分为炭基有机肥、炭基无机肥、炭基有机无机复合肥。炭基有机肥,是指生物质炭粉与有机肥合理配伍从而形成的生态型肥料;炭基无机肥,是指生物质炭粉与无机肥合理配伍从而形

成的生态型肥料；炭基有机无机复合肥（复混肥），是指生物质炭粉与有机无机复合肥（复混肥）合理配伍从而形成的生态型肥料。

根据复配肥料养分的种类，生物炭基肥又可以分为炭基氮肥、炭基磷肥、炭基钾肥和炭基复合肥等。其中，炭基复合肥是指生物炭复配氮、磷、钾等其中两种或两种以上养分。

三 炭基肥的制备

1.生物炭原料

生物炭原材料是影响生物炭基肥缓释性能的重要因素。生物炭的制备原材料来源广泛，大部分具有生物质能的原材料都适合制备生物炭。目前制备生物炭常用的原材料分为植物秸秆残渣类、动物粪便类和污泥类。

植物秸秆是最常见的生物炭制备原材料，植物秸秆制备所得生物炭具有较高的含碳量。植物秸秆中有丰富的木质素、纤维素和半纤维素，木质素热解主要生成焦炭。植物秸秆中木质素和半纤维素含量决定了所制备生物炭的含碳量。植物秸秆的成分决定其产率，利用植物秸秆制备生物炭有较高的产率。

动物粪便可以制备生物炭，但是利用动物粪便制备的生物炭的含碳量比植物秸秆生物炭的低，这是由于动物中的有机物含量比植物秸秆的低，炭化生成的固体产物相对少。此外，热解温度会影响动物粪便中重金属的特征变化。热解炭化使得动物粪便中的某些重金属固定，降低了有效性。因此，利用动物粪便制备生物炭的资源化途径是可行的，但其产率一般。

随着城市的发展，城市污水厂的污泥处理量逐年增加，其中80%的剩余污泥没有得到妥善处理，回收利用剩余污泥已成为研究热点。污泥制备成生物炭是其资源化利用的新途径。污泥中的重金属和水分含量高，有机物含量少，导致其单独热解时的固体产物产率低。因此可以通过污泥与生物质共热解来制备生物炭。

2.制备方法

生物炭基肥的制备方法直接影响生物炭基肥的机械性能、缓释性能等。生物炭基肥的制备方法包括直接掺混法、包膜法、吸附法、反应法。

直接掺混法是将制备好的生物炭与土壤或植物所需要的肥料直接混合,即可制备出不同类型的生物炭基肥,这是最简单的生物炭基肥的制备方法。包膜法是用一种难溶于水的材料或生物炭对肥料进行包膜处理,提高生物炭基肥的缓释性能,增强生物炭基肥的机械强度,减少生物炭基肥在施用过程中的损失。吸附法是将生物炭置于含氮素、磷素、钾素的溶液中,利用生物炭的吸附性将溶液中养分固定在生物炭中制备生物炭基肥。反应法是通过矿物元素改性以优化生物炭的性质,例如扩大比表面积、扩大孔隙率和提高官能团比例等。

四 炭基肥的应用

1.炭基肥的应用方式

生物炭基肥的应用方式能够显著影响其对作物的增产效果,需要考虑的应用方式包括生物炭基肥类型的选择、生物炭基肥与肥料的配比以及生物炭基肥的施用方式。

不同种类的生物炭复配不同类型的肥料加以不同的改性制备工艺能够制备出具有不同物理化学性质的生物炭基肥,从而满足不同农作物的生长需求。生物炭基肥在实际应用中需要根据作物类型选择相应的专用炭基肥,以实现农作物高产。而生物炭基肥与化肥以不同比例配施对作物产量的影响表现不一,对生物炭基肥替代量的研究表明生物炭基肥能够完全或部分替代化肥,具体替代量与作物类型和炭基肥类型有关。另外,生物炭基肥的施用方式能够影响其对作物的增产效果。

2.炭基肥的应用效果

炭基肥作为一种生态型有机肥料,可有效地为土壤提供持久的养分,并优化土壤生态结构,避免大量施用化肥导致的养分流失及环境污染问题。

首先,长期施用生物炭和炭基肥可以改善土壤的理化性质,增加土

壤有机质，提高肥料养分的利用率。炭基肥具有多孔结构以及吸附、储存并缓慢释放肥料养分的特性，通过疏松土壤促进土壤团粒结构形成，可达到增强土壤透气性的目的，可有效缓解土地板结、土壤酸化盐渍化、透气性差等问题，实现保肥保墒的效果。此外，由于生物炭中含有矿物质元素如K、Ca、Mg等，溶于水后显碱性，会交换土壤中的一部分H^+，降低其浓度，从而使土壤的pH变大。

其次，生物炭基肥能够改善土壤肥力状况、改变土壤微生物活性。生物炭的微孔结构，为微生物的繁殖提供了温床，使它们免遭干燥等不利条件的影响，同时也为微生物提供了生存空间，减少了生存竞争，有利于土壤微生物群落结构提高多样性。

另外，生物炭还可以降低土壤重金属含量，减少环境污染危害。重金属是农田土壤的一大污染物。汞、镉、铅、铬和砷（毒性较强）以及铜、镍、锌（微小毒性）等重金属元素通过某些渠道在土壤中过量沉积，造成土壤污染，进而在植物体内富集，再经过食物链进入人体，对人体健康产生危害。将生物炭施入土壤中，可降低重金属离子的富集程度，提高土壤品质。

对作物来说，生物炭基肥可以增加作物的产量。由于生物炭基肥融合了生物炭与肥料所具有的肥力，加上其自身的结构特点与稳定性，可以使养分缓慢释放，肥效更持久，因而能更加稳定地促进作物生长。在促进作物生长和产量方面，施用生物炭基肥比单施生物炭和常规化肥更加稳定、高效。单独施用生物炭会导致当季或几季作物增产效应不稳定，甚至减产。

3.炭基肥的应用关键技术

炭基肥的应用涉及大田作物如水稻、玉米、小麦、花生、马铃薯、甘薯、大豆、棉花和蔬菜等，其中蔬菜作物包括白菜、番茄、辣椒、小白菜、芹菜和生菜等。

炭基肥一般作为基肥施用，即在种植作物前，将炭基肥用人工或机械均匀撒于土壤表面，翻耕，一般用量为40~80千克/亩，化肥施用量和施用方法按照作物习惯方式。

4.炭基肥的发展趋势

以废弃物为原材料制备生物炭的技术日渐成熟,将废弃物制备成吸附材料、土壤改良剂和新型肥料等资源化研究已经取得了一定进展。高效综合利用农业废弃物是高水平利用低质原料的有效途径,通过农业废弃物原料化、肥料化、能源化的利用,不仅可以解决农民对秸秆无法处理的烦恼,也为他们提供了更加优质的炭基肥,实现了农业废弃物的高效利用。

生物炭基肥虽有一系列优越性,但也不可盲目推广使用。因为生物炭在制备时会产生多环芳烃,它对一些动植物和微生物会产生毒害作用,所以必须对生物炭基肥中的多环芳烃水平进行评估。此外,生物炭基肥的制备工艺和成型设备的研制工作亟待开展,并且要探索制备多功能生物炭基肥的新方法。从目前的研究结果来看,生物炭对土壤环境的积极影响占主流,但其对土壤和农业环境影响的作用机制还未被完全研究清楚。应该进一步研究生物炭大规模应用的生态影响,长期、系统、全面地评估它的生态风险。

第三节　有机无机复合(混)肥及其应用

一　有机无机复合(混)肥的发展

有机无机肥配合施用是我国施肥制度的主要特色之一,这种制度可以培肥地力,促进养分循环和再利用,其在农业可持续发展中的地位和作用已得到普遍的证实和肯定,因此有机无机肥配施是我国提倡的科学施肥技术。

有机无机复合(混)肥是一种新型肥料,既含有有机物质又含有无机营养,集无机化肥的高效性和有机肥的长效性于一体,达到种养结合和农业可持续发展的目的。有机物质大多采用堆沤腐熟后的禽畜粪便、城

市垃圾有机物、污泥、秸秆、木屑、食品加工废料等有机肥料以及草炭、风化煤、褐煤、腐殖酸等富含有机质的物质。有的还加入微生物菌剂和刺激作物生长的物质，称其为有机活性肥料或生物缓效肥。

有机无机复合(混)肥工业是一项新兴的社会产业。因为有机无机复合(混)肥料可以达到与无机肥相同的肥效速度，又可以改良土壤，且在我国近年来施用效果明显，深受农民欢迎，所以目前有机无机复合(混)肥的发展极为迅速，已有一定规模。有机无机复合(混)肥产业作为农业和工业的转换器，消纳和转化了农业生产和现代生活中所产生的废弃物，大大减轻了农业废弃物对环境的污染程度。

二 有机无机复合(混)肥中有机物原料

有机无机复合(混)肥中有机物料主要来源于畜禽粪便、作物秸秆、生活垃圾、工业废弃物、草炭、褐煤和腐殖酸等。

秸秆是生物质资源最重要的组成部分，约占72.2%，其作为可再生生物资源由原来的饲料化为主转向了有机肥料化为主。将秸秆堆腐成有机肥，搅混着无机肥经一系列工艺制作成有机无机复合(混)颗粒肥料，不仅可解决秸秆资源浪费的问题，还可以减少化学肥料的施用。

我国煤炭资源丰富，腐殖酸基本上是煤炭开采过程中的废弃物，其成分主要是碳、氢、氧、氮、硫等元素，是动植物残体经过微生物分解和合成而形成的一类多相不均结构高分子聚合有机物集合体，为一种亲水性可逆胶体。通常腐殖酸呈黑色或棕色胶体状态，具有疏松的“海绵状”结构，巨大的比表面积(330~340米^2/克)和表面能，构成了物理吸附的应力基础。腐殖酸所含的官能团呈弱酸性，分子结构中所含的活性基团能与金属离子进行离子交换、络合或螯合反应。腐殖酸有羧基、醌基与酚羟基结构，这些结构具有生物活性，因此可激活农作物对植物营养元素的吸收，刺激植物生理代谢，改变化肥特性，改良土壤结构，是生产有机肥料的理想原料之一。

三 有机无机复合（混）肥的有机与无机原料配比

虽然有机无机复合（混）肥的有机原料很多，但对有机原料来说，其适宜用量和比例主要由C/N和C的生物活性差异来决定。根据十几年来在有机无机复合（混）肥研制开发工作中取得的经验，有机无机施用量比例为1.0:(0.3~0.4)时，可明显改善作物产量与品质、肥料利用率、作物的抗逆性、土壤微生物活性，降低食品有害物质含量。

有机肥的添加量必须达到总物料量的30%以上，如有机肥添加量过少则不合国标，也失去了意义。根据这个要求生产有机无机复合（混）肥，氮、磷、钾总养分一般在20%~35%，氮、磷、钾总养分增高，有机物的添加量要减少。由于要保证有机肥加量30%以上，有机肥本身成粒性能又较差，因此选择无机肥原料时，要选择含量高、成粒性好的。如含氮原料中选尿素、硝铵，含磷原料选磷一铵、磷二铵，含钾原料选氯化钾、硫酸钾。当然在成粒性能不好的情况下，也可添加黏性较好的黏土造粒，但黏土造粒仅是物理性黏合，生产的成品粒子强度较差。有学者表示，当有机物的添加量超过30%，产品的强度会下降，水分容易超标，造成存储过程中无机肥料溶出，产品易结块和粉化。

四 有机无机复合（混）肥质量标准

近年来有机无机复合（混）肥料及商品有机肥发展迅速，复混肥料、有机无机复合（混）肥料及有机肥料已逐渐成为市场肥料的主导产品，其质量的优劣直接关系到农业生产的发展。此外，肥料与农产品安全的关系也日益受到重视。

根据GB/T 18877—2020标准，要求外观呈颗粒状或条状，且无机械杂质。而有机无机复合（混）肥料的技术指标应符合表6–2要求，并应符合标明值。

有机无机复合（混）肥中的有毒有害物质，除蛔虫卵死亡率、粪大肠菌群数、砷、镉、铅、铬、汞、钠等离子、缩二脲以外的其他有毒有害物质的

表 6－2　有机无机复混肥料的技术指标要求

项目		指标		
		Ⅰ型	Ⅱ型	Ⅲ型
有机质含量/%	≥	20	15	10
总养分($N+P_2O_5+K_2O$)含量[a]/%	≥	15.0	25.0	35.0
水分(H_2O)[b]/%	≤	12.0	12.0	10.0
酸碱度(pH)		5.5～8.5		5.0～8.5
粒度(1.00～4.75 毫米或 3.35～5.60 毫米)[c]/%	≥	70		
蛔虫卵死亡率/%	≥	95		
粪大肠菌群数/(个/克)	≤	100		
氯离子含量[d]/%　未标“含氯”的产品	≤	3.0		
氯离子含量[d]/%　标明“含氯(低氯)”的产品	≤	15.0		
氯离子含量[d]/%　标明“含氯(中氯)”的产品	≤	30.0		
砷及其化合物含量(以 As 计)/(毫克/千克)	≤	50		
镉及其化合物含量(以 Cd 计)/(毫克/千克)	≤	10		
铅及其化合物含量(以 Pb 计)/(毫克/千克)	≤	150		
铬及其化合物含量(以 Cr 计)/(毫克/千克)	≤	500		
汞及其化合物含量(以 Hg 计)/(毫克/千克)	≤	5		
钠离子含量/%	≤	3.0		
缩二脲含量/%	≤	0.8		

注：a. 标明的单一养分含量不应低于 3.0%，且单一养分测定值与标明值负偏差的绝对值不应大于 1.5%。b. 水分以出厂检验数据为准。c. 出厂检验数据，当用户对粒度有特殊要求时，可由供需双方协议确定。d. 氯离子的质量分数大于 30.0%的产品，应在包装袋上标明“含氯(高氯)”，标识“含氯(高氯)”的产品氯离子的质量分数不做检验和判定。

限量要求，按GB 38400的规定执行。

五　有机无机复合(混)肥的应用效果

有机无机肥料配合施用是我国土壤肥力能够长期维持并不断提高的重要措施。施用有机肥也符合我国绿色食品及国际上对有机食品的要求，有机无机肥料配合施用可使土壤有机质含量不断提高。有机无机复合(混)肥集有机肥和无机复合肥的优点于一体,能更好地协调植物生长环境,改善植物营养结构组成,从而有效地改善作物品质。实践也证明有机无机复合(混)肥料,可有效改善土壤肥力,提高作物产量和品质,增加化肥利用率,减轻化肥造成的面源污染,具有提高土壤地力水平和改良土壤的综合作用。

1.有机无机复合(混)肥对土壤理化性质的影响

不同肥料管理对土壤理化性质有不同的影响。土壤是由大量的大小和形状不同的颗粒组成的疏松物体,内部被颗粒之间相互联结的间隙所贯穿,土壤水分就聚集在这些土壤孔隙之中。因此土壤孔隙度的多少,特别是具有毛细管引力的孔隙,对土壤持水性能有一定影响。土壤通透性决定于土壤的孔隙度,最重要的取决于土壤中的大孔隙即非毛管孔隙。一般非毛管孔隙愈高,透水性愈好。

2.有机无机复合(混)肥对土壤微生物的影响

有机无机复合(混)肥提高了土壤生态系统的稳定性。土壤微生物群落相对丰度可以反映土壤微生物生存的生态环境。施用有机无机肥料检测到土壤中的细菌含量远远高于真菌含量,但两者的比值能反映土壤生态系统的稳定性,比值越低土壤生态系统越稳定,而且外界胁迫越大,微生物就越能合成更多的单不饱和脂肪酸,使得一般饱和脂肪酸/单烯不饱和脂肪酸的比值越低。该研究中缓释复合肥较化肥和普通复合肥显著降低细菌/真菌磷脂脂肪酸值,且显著增加一般饱和脂肪酸/单烯不饱和脂肪酸的磷脂脂肪酸值。

3.有机无机复合(混)肥对作物产量的影响

施用有机无机肥料之所以与单施化肥相比能提高作物产量,一方面是因为施用有机无机肥料使土壤中的微生物多样性发生了变化,外源有机物质改变了土壤的细菌群落结构,改善了土壤的氮素供应过程,使土壤养分释放平稳持久,养分释放动态与作物营养特性相吻合,使水稻干物质累积量和吸氮量明显提高,从而为水稻增产奠定良好基础。另一方面,有机无机复合(混)肥中含有有机肥,有机肥中除含有作物生长所必需的营养成分外,还含有多种生物活性物质,如有机酸、激素、维生素、

酶、生长素等物质。与施用无机复混肥相比，有机无机复合（混）肥能发挥两种肥料的交互作用，更好地协调和促进植物生长，改善植物营养结构组成，降低价格，增加作物产量。

4.有机无机复合（混）肥对作物品质的影响

作物品质是指人类所需的农作物目标产品的质量，作物品质直接影响作物产品本身的价值。随着全球经济发展和人类生活质量提高，人们越来越渴望高品质的食物。而作物品质包含了营养品质、加工品质和商业品质，其中营养品质是农产品的物质基础和核心，直接关系人们的身心健康。合理配施有机无机复合（混）肥能够改善作物品质。施用有机肥料能够降低蔬菜中的硝酸盐积累，提高蔬菜食用部位的可溶性糖和维生素C含量等。

六 有机无机复合（混）肥应用关键技术

不同作物的需肥特性及生长土壤条件不同，有机无机复合（混）肥的施用方式相似，一般于作物种植前，人工或机械均匀撒于土壤表面，翻入土壤，但施用量差异较大。

小麦在肥料养分投入相同的条件下，有机无机复合（混）肥与复合肥配施，有机无机复合（混）肥可以替代40%复合肥养分用量，不改变原肥料施肥的种类、时期和比例。

水稻、小麦在肥料养分投入相同的条件下，有机无机复合（混）肥与复合肥配施，有机无机复合（混）肥可以替代30%复合肥养分用量，不改变原肥料施肥的种类、时期和比例。

对于经济作物棉花、豇豆、西瓜、甘蔗、烤烟和蔬菜等，有机无机复合（混）肥与复合肥配施，用量为40~80千克/亩，采用养分等比替代复合肥，不改变原肥料施肥的种类、时期和比例，均能获得作物增产、品质提高的效果。

七 有机无机复合(混)肥生产工艺

复混肥生产工艺可分为七种类型:团粒法、料浆法、掺合法、液体法、熔融法、浓缩液法和挤压法。复混肥的理化性质与造粒方式有关,不同制造工艺生产的肥料理化性质不同。挤压法易于实施,制造出的肥料具有圆润度高,颗粒水分低及设备耗能低等优点。其中,氨化(喷浆)法硫基有机无机复合(混)肥生产工艺和腐殖酸有机-无机复合(混)肥料生产工艺是有机无机复合(混)肥生产常用的工艺。

八 有机无机复合(混)肥存在的问题及发展趋势

当前,我国复合肥产业化进程加快,于2016年产能达到峰值,约为2亿吨,但实际产销量仅为2 190万吨,产能严重过剩,竞争进一步加剧。现阶段,复合肥行业已进入产业结构与创新服务的重塑时期,行业的发展趋向于集团化、规模化;企业的发展趋向于科技化、全产业链化;产品发展趋向于特色化、精细化;市场布局由传统化肥向高端、高效、绿色、环保等新型、功能性肥料转变。同时,行业发展的方向将以生态、可持续为导向,从规模化向精准化、从传统化向智慧化发展,由做产品向做服务倾斜、由传统农资生产商向综合服务商转变。

其次要加快产品创新步伐,从产品竞争向产业链竞争转变。化肥行业已经告别高速扩张的时代,各企业间竞争的焦点不再是规模,不再是单纯地推介产品,而是创造产业链竞争优势。一方面通过不断延伸产业链,打造新型高端复合肥低成本竞争优势;另一方面通过技术引进及研发手段,不断拓展复合肥高端产品,脱离低层次价格竞争。

根据国内外情况,有机复合肥的发展将变得具有专用性,即针对不同土壤、不同作物和不同气候等因素,以及同种作物的不同生育时期,选择最适宜的功能微生物种群,配之精确的植物营养元素,达到最佳的施肥效果。

第七章 增效肥料及其应用关键技术

增效肥料是指添加肥料增效剂的肥料增值产品。广义上的肥料增效剂，是指一类以增加养分有效性为目的的活性物质。通过固持氮和活化土壤中难以利用的磷、钾等元素来增加对作物养分的供给，并在调节植物生理功能中起到一定作用。通常是将它添加到常规肥料中，可以适当减少肥料施用量，提高肥料的利用率。肥料增效剂种类很多，从功能上可分为硝化抑制剂、脲酶抑制剂、养分活化剂、保水剂等；从组成上可分为有机活化剂、无机活化剂或混合活化剂等。肥料增效剂在一定条件下具有促进养分有效性和提高养分利用率的作用，但这种作用有限，且宜和肥料相结合，脱离肥料的增效剂无法起到使作物高产和稳产的作用。

以硝化抑制剂、脲酶抑制剂为活性载体的增效肥料也可以划分为新型肥料，在第二章第四节进行了详细介绍，本章主要介绍以氨基酸、腐殖酸、甲壳素、聚氨酸为肥料增效剂的增值肥料。

第一节　氨基酸类肥料及其应用

氨基酸肥料统指能够提供各种氨基酸类营养物质的物料。它通常由富含蛋白质的动、植物下脚料如皮革、毛发、蹄甲和豆饼等有机物，通过水解或发酵将蛋白质水解成氨基酸，经适当的处理后加入适量的植物营养元素配制而成，是一种新型的功能性肥料。自20世纪90年代，用氨基酸制成的肥料已在国内外开始投入生产使用，并证明具有使植物分蘖增加、叶色转绿、根系健壮和产量增加等效应。

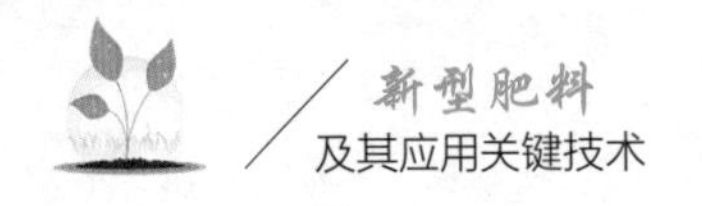

一 氨基酸类肥料的性质

氨基酸类肥料主要的性质为肥效快。与其他氮肥相比,氨基酸类肥料能快速地为植物提供所需的氨基酸及其他营养物质,植物吸收的氨基酸成分可以不经转化直接参与植物体内的蛋白质合成,从而减少了植物体能的能量消耗,同时氨基酸螯合微肥能为植物提供速效微量元素。

二 氨基酸类肥料的制备

生产氨基酸类肥料主要包括三步:原料的预处理、蛋白质水解和氨基酸类肥料制备。

1.原料及预处理

原料来源:精制氨基酸所副产的富含氨基酸成分的废料;富含蛋白质的动植物下脚料,如皮革、毛发、蹄甲、血液、棉粕、豆饼等。部分原料需经过除杂清洗处理。

2.蛋白质水解

关于蛋白质水解制备氨基酸已有大量的研究,蛋白质水解的主要方法有酸水解、碱水解、酶水解。

酸水解是目前氨基酸生产使用的主要方法,常用酸为盐酸和硫酸,用磷酸和硝酸水解的比较少。酸解过程中用到的辅助手段有超声、微波等,常见于实验研究阶段。

碱水解所用的碱主要是氢氧化钠和氢氧化钾,碱解过程中多数氨基酸会遭到不同程度的破坏并产生消旋现象,且水解率通常比酸解低。碱解制备的氨基酸水解液中通常含有大量的碱,需要经过中和处理,可用酸或者蛋白质的酸水解液中和。

酶水解不产生消旋作用,也不破坏蛋白质。但一种酶往往不能将蛋白质完全水解,常常需要几种酶协同作用才能使蛋白质完全水解。酶解可以直接用酶进行水解,也可借助于微生物发酵技术,利用微生物产生的蛋白酶将蛋白质水解成氨基酸。酶解的条件相对比较苛刻,而目前的微生物发酵技术还不够成熟,不足以运用在蛋白水解制备氨基酸的规模化生产上,由于酶解不需要中和程序,不会给肥料引入中和所产生的盐分,从而不需要考虑连续耕作过程中盐分累积对土地产生不利影响问题,基于环境保护的角度,随着微生物发酵技术的进步,通过酶解,尤其是微生物发酵,制备氨基酸还是相当有优势的。

3.氨基酸肥料制备

处理后的氨基酸水解液可经过浓缩干燥处理直接制备成固体氨基酸粉末,该粉末可以直接以营养的形式喷施于作物,也可以营养剂的形式加入肥料中从而制备成氨基酸生态肥、氨基酸复合肥、氨基酸水溶肥、氨基酸叶面肥等氨基酸肥料;利用氨基酸的络合性质,也可以把中微量元素加入氨基酸水解液制备氨基酸螯合微肥。而作为螯合剂氨基酸的性能好坏和成本高低是氨基酸多元素肥料能否广泛应用的关键。作为肥料用的氨基酸,工艺上研究的主要目标是降低成本。

目前受到关注的是利用蛋白质废液提取氨基酸。废液中含有17~18种氨基酸,且含量很高;利用废液研制氨基酸肥料,既可以实现废物再利用,同时又可减少环境污染。利用废液提取氨基酸,研制氨基酸肥料的方法主要有膜分离法、电化学法和离子交换法。

三 含氨基酸水溶肥料的产品技术指标

含氨基酸水溶肥料从外观上看可分为液体和固体两种;按产品类型又可分为中量元素型和微量元素型两种。含氨基酸水溶肥料标准(NY 1429—2010)规定,含氨基酸水溶肥料液体产品和固体产品中游离氨基酸含量分别≥100克/升和10%;pH(1:250倍稀释)要在3.0~9.0;水不溶物含量分别≤50克/升和5.0%;微量元素含量分别≥20克/升和2.0%;微量元素含量指铁、锰、硼、锌、铜、钼含量之和,产品应至少包含一种微量元素,液体和固体产品中含量分别≥0. 5克/升和0.05%的单一微量元素均应计入微量元素含量中,液体和固体产品中钼元素含量分别≤5克/升和0.5%;中量元素含量分别≥30克/升和3.0%(中量元素含量指钙、镁元素含量之和,液体和固体产品中含量分别≥1. 0克/升和0.1%的单一中量元素均应计入中量元素含量中);重金属元素汞(Hg)、砷(As)、镉(Cd)、铅(Pb)、铬(Cr)的含量分别≤5毫克/千克、10毫克/千克、10毫克/千克、50毫克/千克、50毫克/千克。

四 氨基酸水溶肥料的应用关键技术

在我国的各个地区,由于气候条件和土壤性质等各不相同,使得各地区在含氨基酸水溶肥料的施用方式上也各不相同,目前主要的施肥方式有叶面喷施、滴灌、冲施、拌种。叶面喷施以300~600倍液为好,拌种以1%浓度为好。从增产效果比较,喷施优于拌种和基施。一般谷物在拔节期喷施,棉花、花生、大豆在初花期喷施,水果类作物在幼果期喷施,每亩用稀释液50千克左右,增产幅度为10%~50%;拌种的增产效果一般为5%~10%;而基施的为10%~15%。

小麦:在常规施肥方式下,分别在小麦孕穗期和灌浆期喷施氨基酸水溶肥,稀释倍数为400倍,每亩用叶面喷施稀释液50千克,为提高作业效率,可以选择使用施肥小飞机。

设施蔬菜:对于设施番茄、辣椒、黄瓜、韭菜等蔬菜,喷施氨基酸水溶肥,稀释倍数为300~400倍,每亩用叶面喷施稀释液50千克,蔬菜定苗后每隔10天喷1次,连续喷3次;或者采用滴管的方式,同其他水溶肥配施,同样每亩施用量为20~25克,每次用水量为200千克,蔬菜定苗后每隔10~15天滴灌1次,连续滴灌3次。

西瓜:在西瓜伸蔓期、开花坐果初期、膨瓜期分别喷施氨基酸水溶肥300倍液,每亩用叶面喷施稀释液50千克。

果树:在晴天早上或傍晚,在生长期、开花期和结果期喷施氨基酸水溶肥,结果期7~10天喷1次,喷施浓度500~700倍液,根据树龄和种植密度确定喷施稀释液的量,一般喷到叶片或果实黏液但不滴落的状态。

五 氨基酸类肥料的生物效应

1.氨基酸类肥料的增产效应

氨基酸类肥料，本身都含有C、N等营养元素，因此它们可以促进不同作物的生长发育，提高作物的产量。不同氨基酸及氨基酸的混合物对植物生长的影响不同。混合氨基酸的肥效大于单个氨基酸的作用，也大于等N量的无机N肥。

2.氨基酸类肥料对作物品质的影响

氨基酸类肥料由于有特殊的生理功能，可以提高作物的品质。氨基酸类肥料喷施烟草后，大田前期烟株长势旺，成熟期叶片成熟度较好，叶色鲜亮，鲜烟品质好，烟叶香气增强。氨基酸类肥料喷施小麦能显著提高小麦蛋白质含量及淀粉含量以及后作水稻的淀粉含量。氨基酸液肥可提高小麦蛋白质和脂肪的含量，也能提高番茄的含糖量，降低果实的酸度，增加果实维生素C含量。另外，氨基酸类肥料对小白菜、生菜和莴苣有显著的增产效果，幅度均在20%以上；氨基酸液肥可显著增加它们的蛋白质、碳水化合物、Ca、P、Fe和维生素C的含量，降低粗纤维的含量，品质改善明显。

3.氨基酸类肥料对植物体内硝酸盐含量的影响

氨基酸部分取代硝酸盐，可以降低植物体内的硝酸盐含量。生长在N浓度为20.25毫摩/升（93.8% NO_3^-，6.2% NH_4^+）中的冬季洋葱，当NO_3^--N的20%被甘氨酸或混合氨基酸取代后，体内硝酸盐的含量显著降低，总N量显著增加，但干重和鲜重无影响。用甘氨酸及甘氨酸、异亮氨酸、脯氨酸组成的混合氨基酸替代20%的硝酸盐，无论是单一氨基酸还是混合氨基酸都显著降低了水培不结球白菜和生菜体内硝酸盐含量。

4.氨基酸类肥料促进作物对养分的吸收

氨基酸类肥料能促进作物对养分的吸收，增加作物中养分的含量。氨基酸类肥料促进作物高效利用养分的原因可能如下：增加作物体内激素的合成，进而促进作物吸收养分；促进作物根系的生长，提高吸收养分的能力；增加作物根系氨基酸转运蛋白的表达，使之更易吸收养分。

5.氨基酸类肥料对作物生理生化指标的影响

氨基酸类肥料可以影响作物许多酶的活性及叶绿素的含量。茶树叶面喷施谷氨酸、天冬氨酸、谷氨酰胺、苯丙氨酸、丙氨酸及甘氨酸6种氨基酸后经真空8小时厌氧处理均能有效提高茶叶中γ-氨基丁酸含量。植物氨基酸液肥可促进玉米生理活性，提高叶绿素的含量，降低叶绿素的降解速度，提高了光合速率，使叶片浓绿，持绿时间长；氨基酸可使过氧化物酶活性增强，降低植株内丙二醛的含量，有防止细胞膜氧化和细胞衰老的作用。

6.氨基酸多元素肥料与作物的抗逆性

氨基酸多元素肥料具有特殊的官能团，从而能提高作物的抗逆性。施用氨基酸有机肥的番茄叶色浓绿，根系发达且粗长，生长健壮，功能叶片增加1~3片，有利于养分吸收，增强了植株的抗病性能。高温胁迫下氨基酸态N促进水稻生长，而用NH_4^+-N处理的水稻生长受抑制，说明氨基酸除具营养作用外，还可能提高作物的抗逆性。

六 氨基酸类肥料研究应用展望

氨基酸有机肥料可以改善土壤的理化性质，促进作物增产，改善作物的品质，提高作物的抗逆性，并且对人畜无害，不会污染环境。氨基酸生物效应研究已取得了一定的进展，氨基酸能抑制硝酸盐的吸收，促进植物生长，提高作物的产量和品质。但是，由于生产上所用的氨基酸类肥料成分一般比较复杂，迄今人们对氨基酸类肥料的生物效应研究还处于初级阶段，研究方法和手段也比较落后。目前的主要任务是对不同蔬菜品种在不同的生长条件下进行大量试验，进一步研究氨基酸多元素肥料促进蔬菜生长发育、提高产量和改善品质的生理生化基础。

第二节 腐殖酸类肥料及其应用

腐殖酸类肥料是以腐殖酸类物质如自然资源泥炭、褐煤、风化煤等为原料，与含铵、钠、钾、钙、镁的物质化合制成的一种黑色固体（或液体）肥，也是一种多功能的肥料，俗称“黑化肥”“黑肥”等。腐殖酸肥料的品种有腐殖酸铵、硝基腐殖酸铵、腐殖酸磷、腐殖酸铵磷、腐殖酸钠、腐殖酸钾等。

在我国农业生产中，腐殖酸类肥料主要被用来改良土壤，提高化肥利用率，提高农产品质量，促进我国农业生产发展。腐殖酸类肥料资源丰富、价格低廉、加工工艺简单，该类肥料因其能够有效刺激植物生长、提高植物抗性、改善土壤等功效，被人们广泛关注，并逐渐推广至我国农业生产中，发挥着良好作用。

一 腐殖酸基本性质

腐殖酸是一类不溶于水的物质，以芳香核为主体，内含多种官能团结构，是一种高分子有机酸性物质聚合体。在腐殖酸的多项研究中，相关学者已经证明腐殖酸分子内主要包含羰基、羧基、醇羟基等多种活性官能团，且腐殖酸具有弱酸性、亲水性、胶体性、吸附性、交换性等特性，能够与多种有机物、无机物发生作用。目前对其真实的分子结构还不是很了解。通常呈黑色或棕色的胶体状态，其干燥时外形呈贝壳断口的凝胶状。密度为1.330~1.448克/厘米^3，具有很大的比表面积，在稀溶液条件下像水一样无黏性。

1.溶解性

腐殖酸能或多或少地溶解在酸、碱、盐、水和一些有机溶剂中，因而可用这些物质作为腐殖酸的提取剂。这些提取剂一般分为碱性物质（如KOH、NH_4OH、Na_2CO_3、$Na_4P_2O_7$等）、中性盐（如NaF、$Na_2C_2O_4$等）、弱酸性物质(如草酸、柠檬酸、苯甲酸等)、有机溶剂(如乙醇、酮类等)和混合溶液($NaOH$和$Na_2P_2O_7$混合)五类。

2.胶体性质

腐殖酸是一种亲水胶体,低浓度时是真溶液,没有黏度;而在高浓度时则是一种胶体溶液或称分散体系,呈现胶体性质。当加入酸类或高浓度的盐类物质时可使产生凝聚,一般使用稀盐酸或稀硫酸,保持溶液pH在3~4时,此溶液经静置后能很快析出絮状沉淀。

3.酸性

由于腐殖酸分子结构中有酚羟基和羧基等基团,所以具有一定的弱酸性,能够与碳酸盐和醋酸盐等进行定量反应。同时,利用腐殖酸与相应的盐类组成缓冲溶液,可调节土壤pH,为农作物的生长提供适宜的条件。

4.离子交换性能

腐殖酸分子结构上的某些官能基团，如羧基$-COOH$上的H^+可以被Na^+、K^+、NH_4^+等离子置换下来而形成弱酸盐，因此具有较高的离子交换容量。腐殖酸的离子交换量与环境pH有关,当pH由4.5上升到8.1时,腐殖酸的离子交换量也由1.7毫摩/克上升到5.9毫摩/克。

5.综合性能

腐殖酸分子结构中存在的大量官能团,为其与金属离子发生螯合或络合反应提供了条件，大部分常见金属离子（如Al^{3+}、Fe^{2+}、Ca^{2+}、Cu^{2+}、Cr^{3+}等)都可与腐殖酸形成络合物或螯合物,主要是酚羟基和羧基参与络合或螯合反应,可能还有羰基和氨基。

6.生理活性

腐殖酸物质的生理活性主要是指其对于生物体生理活动的促进能力。在植物的生长发育方面表现为促进植物生长代谢,提高果实质量及增强植物的适应、抗逆能力。对植物生理活性的影响与腐殖酸物质的浓度和分子量大小有关。

二 天然腐殖酸

天然腐殖酸是一类自然界中的高分子、具有多种功能基团的聚合物，广泛存在于土壤、海洋、湖泊等生态系统中，总量达万亿吨。天然腐殖酸按来源可分为煤炭腐殖酸、土壤腐殖酸和水体腐殖酸。土壤及水体中的腐殖酸所占比例较小，虽然其总量很大，但实际应用困难，故目前工业生产的腐殖酸来源多为煤炭腐殖酸。腐殖酸是由动植物遗体及微生物共同作用生成的，分子量为500~20 000道尔顿，最高时甚至可达100 000道尔顿。

三 人造腐殖酸

人造腐殖酸主要分为发酵腐殖酸、合成腐殖酸和氧化再生腐殖酸。它们的原料来源广泛，包括作物稻秆、木屑、菌渣、制糖废渣、酿酒废液等各类存积农业废弃物或工业生产废弃物。在人为创造微生物适宜的发酵条件以及加入适当的原材料后，强化微生物的生化作用，促进腐殖酸的生成。

四 渗滤液腐殖酸

垃圾填埋场渗滤液中的腐殖酸物质的形成机制同样相对复杂，但过程机制并不十分清楚，相关文献在描述其形成过程时也比较简单，大致过程为垃圾中的各类存积物（主要为动植物残体）在微生物的分解作用下形成小分子产物，不同的小分子产物又在微生物的作用下聚合而形成腐殖酸。

据此，垃圾在进入填埋场之后主要有两条转化途径：一是被分解为小分子的有机或无机产物，称为垃圾的矿化过程；二是小分子物质合成腐殖质的过程，称为垃圾的腐殖化过程。

五 腐殖酸类肥料的作用

在我国农业生产中，腐殖酸类肥料主要被用来改良土壤，提高化肥利用率，提高农产品质量，促进我国农业生产发展。腐殖酸肥料资源丰富、价格低廉、加工工艺简单，该类肥料因其能够有效刺激植物生长、提高植物抗性、改善土壤等功效，被人们广泛关注，并逐渐推广至我国农业生产中，发挥着良好作用。

1.活化土壤

腐殖酸类肥料对土壤的改善作用明显，其疏松、轻便、持水性能良好的特点能保持土质疏松，干时不裂，湿时不紧密，灌水后不板结，等等；同时阻碍较大数量的有害阳离子，降低土壤盐浓度和酸碱度，达到酸碱平衡，从而起到改良盐碱土壤的作用。腐殖酸类肥料促进土壤微生物数量增多及活性增强，改良植物根系的营养条件。腐殖酸类肥料中含有多种类的活性基团，与重金属离子、放射性核素以及芳香化合物等物质发生吸附、离子交换、氧化还原、络合及螯合等各种物理化学反应，对转化和降解污染物、净化土壤环境起重要作用。

2.增加土壤的有机质含量

腐殖酸类肥料施洒在土壤中后，其内部的腐殖酸在土壤中形成胶状物质，将土壤胶结，增加土壤中的水稳定团粒，协调土壤中的水、肥、气等，提高贫瘠土壤的有机物含量，进而改善农作物的生长环境。

3.增加有效养分

腐殖酸提高肥料利用率和增效作用主要表现在以下几方面：

对氮肥的增效作用。腐殖酸原刺激作用使土壤微生物的生长速度增加，有机氮矿化速度加快，具有较高的盐基交换量，减少氮的挥发流失，同时也使土壤速效氮的含量提高，可控制土壤中硝态氮的淋失。

对磷肥的增效作用。腐殖酸分子的活泼含氧官能团促使天然磷矿石分解，增加可溶性磷，活化土壤中的难溶磷，与速效磷肥混施，会与磷肥直接反应，形成某种复合体或配位化合物，抑制磷在土壤中被固定；还可以加快磷在土壤中的扩散速度和增大扩散距离，促进根系对磷的吸收。

对钾肥的增效作用。腐殖酸酸性官能团可吸收和储存钾离子，既可防止钾离子在沙土及淋溶性强的土壤中随水流失，又可以防止黏性土壤对钾的固定，增加可交换性钾的数量，对含钾的硅酸盐、钾长石等矿物有溶蚀作用，可缓慢释放，从而提高速效钾的含量，提高钾素利用率。

对中、微量元素的增效作用。腐殖酸可以与中、微量元素发生螯合反应，生成溶解性好、可被植物吸收和利用的螯合物，从而有利于植物对其吸收和利用。此外，腐殖酸可以刺激土壤微生物的活性，使好氧性细菌、放线菌和纤维素分解菌的数量增加，加速有机质的分解转化，促进营养元素释放，有利于植物吸收营养。

4.刺激作物生长

腐殖酸肥料存在多种官能团，这些生理活性物质对农作物生长发育具有较强的促进效果，而无机肥料不具备这一效果。应用腐殖酸拌种，能够促进种子发芽，提高农作物的出苗率与成活率；应用腐殖酸蘸根，能够促进幼苗快速发根，使农作物根量增多、根系伸长，促进农作物对水分、养分的吸收。利用腐殖酸类肥料喷洒农作物，能够促进农作物生长旺盛、苗株高壮。

5.改善农药的效果

腐殖酸与杀虫剂、杀菌剂、除草剂复配，可以起到增强药效和降低毒性的作用，具体表现为腐殖酸能起到表面活性剂的作用，其金属盐的表面张力低于水的表面张力，对农药可产生明显的分散和乳化效果，能提高可溶性农药的溶解能力。腐殖酸可增强植物对农药的吸收，提高农药和植物生长调节剂的生物活性，明显改善农药的效果。腐殖酸对农药的分解速率有明显的抑制作用，而且腐殖酸的用量越大其速度越慢。腐殖酸可钝化植物中那些对农药毒性敏感酶的活性，激发对农药的拮抗作用，使酶的活性缓解，降低农药的毒性。

6.提高农作物的抗逆性与抗病虫害

腐殖酸是一种疏松敞开的网状立体结构，具有极高的综合性能与缓冲性能，可提高农作物的抗肥害能力。腐殖酸被植物吸收后，能够缩小叶面气孔的张开程度，减少农作物的水分散失，降低农作物耗水量，保障农作物在干旱少雨季节能够正常生长发育，提高农作物的抗旱能力与抗寒能力，提高农作物的可逆性。另外，腐殖酸能够抑制土壤中的真菌，增强农作物的抗病性，减轻农作物病害。

六 腐殖酸肥料的应用关键技术

1.浸种

浸种可以提高种子发芽率，提早出苗，增强幼苗发根的能力。一般浸种浓度为0.005%~0.050%，浸种时间为5~10小时，水稻、棉花等硬壳种子为24小时。

2.浸根、蘸根

水稻、甘薯等在移栽前可利用腐殖酸钠或腐殖酸钾溶液浸种秧苗，浓度为0.01%~0.05%。浸种后发根快、成活率高。

3.根外喷洒

一般浓度为0.01%~0.05%溶液，在作物花期喷施2~3次，每次喷量为50升/亩水溶液，喷洒时间选在14:00~16:00效果好。

4.做基肥

固体腐殖酸肥(如腐殖酸铵等)，一般用量100~150千克/亩。腐殖酸溶液做基肥施用时，浓度为0.05%~0.10%，用量为250~400升/亩水溶液，可与农家肥料混合在一起施用，沟施或穴施均可以。

5.做追肥

在作物幼苗期和抽穗期前，用0.01%~0.10%浓度的水溶液250升/亩左右，浇灌在作物根系附近。水田可随灌水时施用或水面泼施，能起到提苗、壮苗，促进生长发育等作用。

七 腐殖酸类肥料发展展望

腐殖酸类肥料作为功能性的新型肥料，在农业中应用可以改良土壤品质、增强作物新陈代谢及提高抗性等，起到增产增收的效果。腐殖酸类肥料的原料作为我国廉价的自然资源，储量极其丰富，能够为优质、高

效、绿色农业生产提供物质保证。腐殖酸类肥料对人畜无残毒,对作物无药害,对环境无污染,在农业生产中对环境保护具有重要意义。因此,腐殖酸类肥料在农业上的应用具有广阔的前景。但是由于其加工工艺参差不齐,材料来源混乱等因素,致使肥效存在较大差异,这限制了该肥料的大规模运用。同时,腐殖酸类肥料在农业生产中基础研究不够广泛,比如在许多种类的水果和蔬菜中研究较少甚至没有,研究成果没有及时推广应用,许多企业、农民对产品不了解,也限制了该肥料的大规模推广应用。要改变这一现状,首先,在腐殖酸类肥料生产过程中,应对制作工艺进行严格监管,主要包括认清有机质和腐殖酸的含义,重视腐殖酸的活化,控制腐殖酸的有效含量和浓度,重视低碳化等;其次,加强腐殖酸类肥料的基础研究及在农业上的应用研究,并把研究成果及时推广应用,让更多的企业和广大的百姓更加熟知该肥料的优点并积极应用,让更多的科研成果及时转化为生产力,从而保证腐殖酸类肥料的功能得到最大的发挥和利用,这样才能为腐殖酸类肥料在农业生产上的大规模运用奠定坚实的基础。

第三节　甲壳素类肥料及其应用

甲壳素作为一种天然多糖,广泛存在于虾、蟹、昆虫等的甲壳以及高等真菌的外壁和细胞壁内,在自然界中的蕴藏量非常大。甲壳素是一种线形的中性黏多糖,其化学名称为β-(1,4)-2-乙酰氨基-2-脱氧-D-葡萄糖,是N-乙酰-2-氨基-2-脱氧-D-葡萄糖以β-1,4糖苷键连接而成的高分子化合物。

甲壳素为无毒无味的白色或灰白色半透明的固体,在水、稀酸、稀碱以及一般的有机溶剂中难以溶解,因而限制了其应用和发展。在后期的研究探索中发现,甲壳素经浓碱处理脱去其中的乙酰基可变成可溶性甲壳素,又称甲壳胺、壳聚糖或者聚氨基葡萄糖。

壳聚糖的化学名称为(1,4)-2-氨基-2-脱氧-8-D-葡聚糖,是甲壳素通过水解或特定的方式酶解脱乙酰化在70%以上的产物，是甲壳素最重要的衍生物。壳聚糖由于其大分子结构中存在大量氨基,大大改善了甲壳素的溶解性和化学活性,在医疗、营养和保健等方面具有广泛的应用价值。

目前国内甲壳素肥料研究及应用尚处于起步阶段,人们对其认知度还比较低。为了能在农业生产中早日广泛使用甲壳素肥料,本文从甲壳素的特点及作用机制、利用效果、利用现状等方面入手对甲壳素肥料进行相关介绍。

一 甲壳素类肥料的特点及作用机制

1.保水持水性能

甲壳素的吸水性能极高,可达到其本身质量的13倍,即1克的甲壳素吸饱水后可以达13克。土壤空隙率是土壤保持水分的一个重要指标,甲壳素除了自身吸持水分,还可通过增加土壤的空隙度,增强土壤的保水能力;甲壳素及其衍生物还具有良好的成膜性,处理后可在种子表面形成一层防护膜,既可以防止真菌的侵入,又可以防止自身水分的散发,还能调节土壤中水分的进出。当种子需要水分时,可以从土壤中吸取水分,促进种子的萌发和生长;当外界水分过多时,又能将水分阻隔在外,防止种子烂掉。

2.杀菌抗菌性能

甲壳素及其衍生物是带有正电荷的天然聚合物,而自然界中的细菌多呈电负性,壳聚糖上的取代基氨基吸附在细菌表面,与其结合发生絮凝反应,使细菌失活死亡。甲壳素及其衍生物可以诱导植物产生广谱抗菌性,阻止细菌侵入植物体内或直接杀死细菌,其主要的作用机制是通过诱导植物相关防御基因的开启，使植物表现为细胞壁的加厚和木质化,产生侵填体等,阻止细菌的侵入;甲壳素还可以诱导植物产生抗性蛋白和植物酚,杀死入侵细菌。

3.营养协调功能

甲壳素及其衍生物中含有大量的C、N元素，且具有生物可降解性，经微生物作用后可为植物提供所需的营养物质；尽管甲壳素对细菌具有抗菌抑菌作用，但对真菌、放线菌具有增殖效果。甲壳素可通过促进土壤中有益微生物根瘤菌、放线菌及其他有益微生物的增殖，加快对大气中氮气的固定，加速铵转化为硝酸盐、亚硝酸盐，为植物生长提供养分，并对有机物的分解起到了促进作用，改善土壤的理化性质，增强土壤肥力。甲壳素的营养协调功能还在其能吸持水分的同时保留住离子型的营养元素，尤其是K^+，随着水分的调节以协调养分的供应。

4.植物生理调节功能

甲壳素及其衍生物通过调节植物基因的开启和关闭来调节体内相关激素及酶等物质的合成，进而调节植物生理，可促进作物的根、茎、叶发育，表现为茎秆粗壮，植株变矮，根系更为发达，叶片中叶绿素的含量增加，抗倒伏、抗旱、抗寒等抗逆能力的增强和光合作用强度的提高。甲壳素还能调节营养物质定向运输至果实、种子等处，能改善作物的品质，并能提高种子的发芽率和机体的免疫能力。

二 甲壳素肥料的作物利用效果

甲壳素肥料能增强作物的抗逆性、显著增加作物产量和提升农产品品质。使用甲壳素后，可以诱导植物的结构抗性或诱导植物分泌抗性物质来增强植物的抗性，以抵御外界的不良环境。甲壳素可以通过控制酚类物质的代谢，促进木质素与植物保护素合成酶分泌，增加木质素与植物保护素的合成量，最终增强植物的抗性。

使用甲壳素肥料，能显著提高作物的产量。利用甲壳素肥料处理作物种子，可以提高发芽指数、壮苗指数等，显著增加产量。

叶面喷施甲壳素肥料可促进作物生长发育，增加其叶片面积和数量，提高光合作用强度，增加大豆中蛋白的含量，增加茶叶中水浸出物和氨基酸的含量，增加白菜叶中可溶性总糖、可溶性蛋白含量等。

三 甲壳素对土壤的作用

1.改善土壤理化性状

长期使用甲壳素，可以增加土壤的孔隙度，增强土壤的透气性和保水能力；甲壳素带电，能与土壤颗粒结合形成土壤团粒结构，有效解决土壤板结问题；使用甲壳素还能显著调节土壤的pH，改善土壤酸化或盐碱化。

2.有利于土壤污染物的钝化或失活

长期使用甲壳素能大量减少化肥和农药的用量，大大减少对土壤的污染；同时，甲壳素具有强大的螯合作用，能与土壤中的Hg^{2+}、Cd^{2+}、Cu^{2+}等重金属离子结合，促进植物对重金属离子的吸收、富集，达到净化土壤的作用。

3.有利于土壤微生物区系的改善

甲壳素对土壤有益微生物群落和有害生物群落区系有良好的识别作用。甲壳素肥料对微生物的作用主要体现在以下几方面：一是甲壳素能促进放线菌以及能分解甲壳素的细菌等有益菌的大量繁殖，在植物的根系周围形成优势种群，抑制其他有害菌的生长；二是在土壤中添加甲壳素肥料，可以诱导土壤中的一些细菌产生甲壳素酶，能有效杀死土壤中的有害细菌、真菌和线虫卵，减少土壤中病虫害的发生。

4.有利于土壤肥力的提升

甲壳素本身还有大量的碳、氮元素，经微生物分解后可供作物利用；甲壳素还可以通过促进固氮菌微生物种群的繁殖，增强固氮能力，增加土壤中速效养分的含量。甲壳素还能促进土壤中有机质的分解，增加土壤的肥力，因此甲壳素施用时常配以有机肥使用。

四 甲壳素类肥料的生产工艺

目前主要从虾蟹的外壳中提取甲壳素。用酸碱法除去甲壳中的碳酸钙和蛋白质，先将虾、蟹外壳洗净晾干，加入6%的HCl于室温下浸渍3

小时，不时搅拌，直至无气泡逸出为止，水洗至中性，以除去$CaCO_3$等无机盐，此时蟹壳变柔软。加入5% NaOH煮沸2小时，水洗至中性，以除去蛋白质和脂肪。重复上述操作1~2 次。除尽壳中所含的钙质与蛋白质。色素的去除可采用阳光催化漂白的方法，此法避免了氧化剂的氧化，故比采用$KMnO_4$等化学法漂白优越。最后得到白色片状的甲壳素，将制得的甲壳素置于40%~47%的 NaOH水溶液中，在有氮气保护环境中80℃水浴加热2小时，冲洗、烘干，此过程重复2次，最终可得到脱乙酰度75%以上的壳聚糖。

以上传统方法在制取过程中会产生酸碱废液，后有学者探索了乳酸发酵法制备甲壳素的工艺，该工艺制备过程中未使用酸碱，且分离甲壳素后的废水中含有大量的营养物质，可用于养殖饲料，废液中的乳酸菌经分离后可循环使用，该法既经济又环保。针对虾蟹外壳原料易受地域性、季节性的限制，有学者研究了从细菌、真菌等微生物的细胞壁中提取甲壳素，该法提取过程中也未涉及酸和碱的添加，且原料不受时空限制，既环保又经济高效。但这类方法受原料限制，还难以实现产业化。

五 甲壳素类肥料应用关键技术

目前甲壳素类肥料一般通过叶面喷淋和稀释灌根的方式布施，每年稀释灌根的次数一般为2次，叶面喷淋一般在作物的生长期内进行，每7~10天喷淋1次，连续进行3~4次，其具体的稀释倍数及使用时间应严格按使用说明进行。甲壳素类肥料也可以与其他肥料一起混合后使用，但应注意添加比例和顺序，严格按使用说明进行复配。下面以辣椒喷施甲壳素水溶肥为例介绍甲壳素类肥料施用方法。

甲壳素水溶肥，含甲壳素≥25克/升、$N+K_2O$≥80克/升。

喷施时期：辣椒苗期、初花期、果实膨大期、盛果期各喷施1次，每次喷施间隔10天左右。

喷施方法：选择天气晴朗的早晨或傍晚，甲壳素水溶肥稀释600倍，人工或机械喷施，喷施量以叶片布满雾珠、不滴水为准。

六 甲壳素类肥料发展展望

使用甲壳素类肥料不仅能够增加作物的产量，提升农产品品质和市场竞争力，增加其附属价值，而且更因其独特的作用机制，能够大幅减少农药、化肥的使用，减少种植投入和对环境的污染，改善生态环境，提升人们的生活质量，具有巨大的社会、经济和生态效益。在国家聚焦发展有机农业的背景下，甲壳素肥料对实现水肥一体化具有重要的意义。针对甲壳素肥的利用现状，今后需加大产品的研究和开发力度，持续加强甲壳素肥料的产品创新，研究出符合市场的产品。例如，甲壳素类肥料分子量较大，都是酸溶的而不是水溶的，在应用上有很多局限性，针对这些现状开发易于作物吸收的壳聚糖小分子降解技术，并进一步从产品配方、产品形态、产品组合等方面入手，研制出更加实用的产品。另外还应对传统甲壳素提取工艺进行改良，在确保产品质量的基础上减少生产成本，降低肥料的价格。同时，应为客户提供多样化的宣传推广服务，对经销商和农民进行教育培训，建立起一套完整的推广思路和方法，让经销商和农民更好地认识甲壳素肥料和正确的使用方法，让农民通过使用甲壳素类肥料获得更大的收益，也建立起用户对甲壳素类肥料产品效果的信心。未来几年，随着科技的进步，甲壳素类肥料的生产工艺将得到进一步的优化，成本也将得到有效降低，甲壳素类肥料的种类也将更加丰富，可以预测甲壳素类肥料将拥有广阔的市场空间和推广前景。

第四节 聚谷氨酸类肥料及其应用

γ-聚谷氨酸(Poly-γ-glutamic acid，γ-PGA)最早发现于1913年，是一些芽孢杆菌(如枯草芽孢杆菌等)荚膜结构的主要成分，是一种生物自然合成的聚酰胺原料。它是由L-型和D-型谷氨酸通过γ-谷氨酰键连接而成的水溶性的生物高分子材料。许多芽孢杆菌属均可以发酵合成γ-

PGA。由于γ-PGA具有增稠、成膜、保湿、黏合、无毒、水溶、生物可降解等性能,适用于食品、化妆品、生物医学、环境保护等领域。特别是近年来随着对γ-PGA的深入研究,γ-PGA作为一种高分子生物制品,越来越显现出广阔的研究及应用前景,尤其在新型肥料领域具有重要的研究意义。本节主要介绍聚谷氨酸的结构性质、合成方法及在农业中的应用。

一 聚谷氨酸的结构与性质

1. γ-聚谷氨酸的物理性质

选用游离酸型的γ-PGA，根据滴定量测定酸度系数pKa值,pKa≈2.23,这与谷氨酸的α羧基的pKa值大体一致。游离酸型的γ-PGA能够溶于二甲亚砜、热的N,N-甲基酰胺和N-甲基吡咯烷酮。用DsC(示差热量分析）及GA（热重量分析）法研究了它的热性质，得出分解温度为235.8℃、熔点为223.5℃。

2. γ-聚谷氨酸的结构

γ-PGA是由L-谷氨酸(L-Clu)、D-谷氨酸(D-Glu)通过γ-酰胺键结合形成的一种多肽分子，由枯草芽孢杆菌发酵产生的γ-PGA的结构式见图7-1:

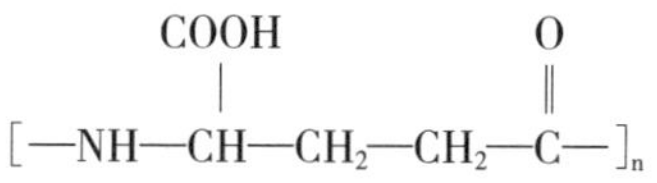

$$\left[-NH-\underset{\displaystyle |}{\overset{COOH}{}}\!\!CH-CH_2-CH_2-\overset{\displaystyle O}{\overset{\|}{C}}- \right]_n$$

图7-1　γ-聚谷氨酸的分子结构式

3. γ-聚谷氨酸的分子量

一般而言,由芽孢杆菌产生的γ-PGA的平均分子量(Mw)在1×10^5~8×10^6,聚合度200~700,具有很好的成膜性、可塑性、黏结性、吸水性和很重要的生物降解性。但是分子量越大,其流变性越难控制,也很难被化学试剂修饰,从而限制了γ-PGA的应用。目前已采用碱水解、超声波降解、微生物降解或酶降解以改变培养基成分等方法来得到不同分子量的γ-PGA。

二 聚谷氨酸的合成方法

γ-PGA主要有四种合成方法:①提取法;②酶转化法;③微生物发酵法;④化学合成法。其中微生物发酵法是对环境污染最小、消耗最少的合成方法,合成产品纯度较高,最适合工业化制备。

1.提取法

纳豆是一种通过枯草芽孢杆菌发酵而成的食物，具有一定的黏性，其黏性胶体的主要组成部分就是γ-PGA。常用提取方法是利用不同体积的乙醇对纳豆中的 γ-PGA进行分离，但利用该方法提取的γ-PGA纯度低,成本高,提取工艺复杂,不适合大规模生产。

2.酶转化法

酶转化法利用酶促反应将谷氨酸单体连接成γ-PGA高分子,通过累计得到高浓度γ-PGA，该方法可以有效避免多肽合成提取法的弊端,并有效克服复杂反应中的反馈与负反馈作用。酶转化法具有产量高、纯度高、工艺简单以及周期短的优点,但该方法所得产物聚合度低、分子量较小,且谷氨酸转肽酶在菌体中的活性和含量都较低,应用范围会受到限制,应用价值也相应变小。

3.微生物发酵法

(1)γ-PGA的生产菌

微生物发酵法合成γ-PGA是目前应用最广泛的生产方法,反应条件温和、产量高、分子量适宜、生产周期短。微生物发酵法分为液体发酵法和固体发酵法,发酵过程中可以合成地衣芽孢杆菌、炭疽芽孢杆菌和枯草芽孢杆菌。

根据细胞生长是否需要L-谷氨酸，可以把γ-PGA生产菌分为两大类:一类是培养时需要L-谷氨酸才能积累γ-PGA,这类菌种主要有B. anthracis、B. subtilis MR- 141、B. licheniformis ATCC 9945a、Bacillus IFO3335和Bacillus subtilis F-2-01等；一类是培养时不需要L-谷氨酸也能积累γ-PGA,这类菌种主要有B. subtilis 5E、B. licheniformis A35、

B. subtilisTAM- 4等。

(2)γ-PGA的发酵培养基

目前γ-PGA常用的发酵生产培养基是E-培养基：L-谷氨酸20克/升，柠檬酸12克/升，甘油80克/升，NH_4Cl 7克/升，K_2HPO_4 0.5克/升，$MgSO_4 \cdot 7H_2O$ 0.5克/升，$FeCl_3 \cdot 6H_2O$ 0.04克/升，$CaCl_2 \cdot 2H_2O$ 0.15克/升，$MnSO_4 \cdot H_4O$ 0.104克/升。初始pH用NaOH调至7.4，灭菌后pH降至6.9。发酵温度37 ℃，(150~200)转/分摇床振荡，发酵时间3~5天。通过摇瓶实验发现，葡萄糖使其利用率远远高于甘油的作用，但是向培养基中加入一定量的甘油，γ-PGA的合成量会增加。在E-培养基中增加葡萄糖后会增加谷氨酸和柠檬酸的代谢强度，可以提高γ-PGA的产率，或者用麦芽糖代替葡萄糖，γ-PGA的产量也可以显著提高。

(3)发酵方法

为了得到适宜的分子量，工业生产中，γ-PGA的制备多使用液体发酵法，该方法可以在发酵过程中通过对可控因素的调节控制产物分子量，以此提高效率，其中可控因素包括环境温度、酸碱性、接种量等。但该方法会随着γ-PGA的浓度和发酵黏性的增大，而产生大量泡沫，可控程度变得困难；另外由于γ-PGA合成过程中添加防腐剂，在一定程度上影响品质，使之更加难以存储。

固体发酵法是利用农业、工业生产中产生的废弃物如味精、食醋生产产生的废弃物以及牛粪堆肥作为固体发酵物来制备γ-PGA，同时可以很大程度上提高资源利用率。

4. γ -PGA的分离纯化

通过微生物发酵得到高黏度的发酵液，可用有机溶剂沉淀法、化学沉淀法和膜分离沉淀法获得γ-PGA。有机溶剂沉淀是指利用离心或凝聚菌体的方法除去发酵液中的菌体，在上清液中加入低级醇类(如甲醇、乙醇)可沉淀得到γ-PGA，经冷冻干燥得到白色结晶。

化学沉淀是用饱和$CuSO_4$、NaCl溶液代替低级醇类盐析沉淀γ-PGA。对高黏度的发酵液还可采取膜分离沉淀法，经干燥得到白色结晶仅是粗制γ-PGA，将其溶解于蒸馏水后，离心除去不溶解的杂质，然后采用透析

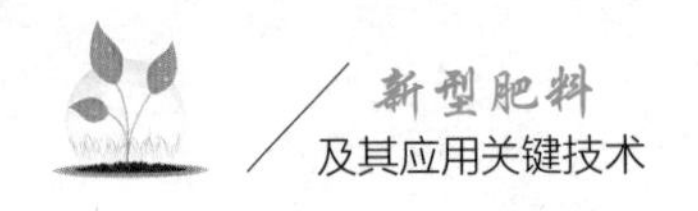

或电透析除盐的方法得到γ-PGA的水溶液，经低压冻干后，即可得精制γ-PGA。

最早的化学合成法是由匈牙利学者采用多肽合成法合成γ-PGA，具体包括传统多肽合成法和二聚体缩聚法。γ-PGA属于多肽聚合物，因此可以使用多肽法经基因活化、保护、氧化偶联合羧基脱保护等过程，将氨基酸合成起来，不足之处是合成工艺烦琐复杂、成本较高，产量低，并且不适用超过20个氨基酸以上的大分子物质合成。

三 聚谷氨酸的冷冻干燥及其保存

γ-PGA冷冻干燥的步骤：取上述浓溶液，快速冷冻至-35℃，维持15小时、-20℃时减压升华，真空度为20帕，升温至0℃，维持2小时。真空度为10帕，维持1小时，继续升温至35℃，真空干燥10 帕，得白色固体γ-PGA达到68克。所得的γ-PGA产品经分子量测定表明与水解液的分子量分布相同，在2×10^4~5×10^4。γ-PGA是吸湿性极强的高分子材料，需在低温干燥条件下保存以防吸水降解。人们通过研究发现其在碱性条件下相对稳定，因此在实际工作中制备成钠盐有利于稳定保存。

四 聚谷氨酸在农业中的应用效果

1.保水保肥，促进作物生长

聚谷氨酸分子中亲水基团——羧基具有保持土壤水分含量，改善土壤膨松度及空隙度，改良砂质土壤，促进提升土壤保肥保水能力等作用。

我国国土面积一半由干旱和半干旱地区组成，水资源区域分布不均衡，给我国农业生产带来严重影响。采用电子束轰击γ-PGA制成树脂，对种子进行处理，能提升种子在干旱缺水地区的发芽率。利用γ-PGA直接拌种或浸种，可以促进小麦株高提升，增加出苗率。模拟5.0毫米、10.0毫米和16.5毫米的降雨量，在干土中加入150毫升、300毫升和500毫升的γ-PGA水浸液，能够增加苗高，延长根系深度。研究发现，γ-PGA用量增加对小麦生长指标促进作用显著。

2.生根壮根，提高作物产量

γ-PGA作为肥料增效剂，能够促进作物吸收养分、增加产量、改善品质、提高作物抗逆能力，有效减少肥料施用量。γ-PGA增效剂能够增加水稻地上和地下部分植株生长量、穗实粒数及有效穗数。对玉米施用γ-PGA，可以明显提高玉米幼苗的叶绿素含量、根系活力以及生物量，增加百粒重和穗实粒数，从而提高产量。

3.螯合土壤重金属，提高作物抗逆性

γ-PGA对土壤中重金属如铬、铝、铅、镉有很好的螯合作用，能够有效避免作物从土壤中吸收过量的有毒重金属，影响作物安全及食品安全。模拟干旱条件下使用聚乙二醇-6000（PEG-6000），外源处理小麦和黑麦草，其发芽率明显提升，同时提升了干旱胁迫下钾离子的含量，参与幼苗的渗透作用增强，从而提高作物的耐旱性。

4.改良土壤，调节pH

γ-PGA对土壤的酸碱性有很好的平衡作用，可减少长期施用肥料造成的土壤板结和酸化，并且对海水倒灌造成的土壤碱化和盐渍化也有一定改良作用。γ-PGA利于根系对于P、Mn和Zn的积累，施用γ-PGA活化磷矿粉能够调节土壤酸碱性，提高土壤中磷的含量，同时固化土壤重金属铅。

5.在农业其他方面的应用

除在肥料中具有良好的应用效果外，γ-PGA在杀虫剂、除草剂、驱虫剂等农药中适量添加可以延长这些药物在作用对象表面的停留时间，使作物叶片中的农药不易因干燥、下雨而损失掉，从而提高农药的作用效果。

此外，γ-PGA作为矿物质营养促进剂添加在饲料中也受到越来越多研究者的关注。研究表明，γ-PGA添加至家禽、家畜、鱼等的饲料中能够促进吸收生物可利用矿物质，如Ca^{2+}，降低饲料中矿物质添加量，增强蛋壳强度和减少动物体内脂肪沉积。例如，γ-PGA添加至猪饲料中，有促进猪的生长、提高瘦肉产量等作用。此外，还能增加动物对磷的消化吸收，从而降低代谢物中的磷含量，降低饲料成本，减少环境污染等。

五 含聚谷氨酸肥料的应用关键技术

目前含聚谷氨酸肥料一般通过叶面喷施和根部滴灌的方式布施，一般在作物的生长期内进行，每7~10天喷淋1次，连续进行3~4次，其具体的稀释倍数及使用时间应根据作物生长特点和土壤养分供应规律，严格按使用说明进行。含聚谷氨酸肥料也可以与其他肥料一起混合后使用，但应注意添加比例和顺序，严格按使用说明进行复配。不同作物聚谷氨酸用量有所差异，下面列出常见作物聚谷氨酸每亩地的用量和方法：

水稻：75克聚谷氨酸掺混入30千克复合肥中，作为基肥施用。

玉米：5克聚谷氨酸掺混入20千克尿素中，作为基肥施用。

小麦：冬小麦季旋地前、旋地后和出苗后分3次喷施聚谷氨酸，每亩每次15克溶于700升水中进行均匀喷施。

草地：5~50克聚谷氨酸溶于水中，稀释倍数为800~1 200倍，叶面喷施。

小白菜、油菜：10克聚谷氨酸溶于水中，稀释倍数为800倍，叶面喷施或采用水肥一体化技术根部滴灌。

番茄：10~30克聚谷氨酸溶于水中，稀释倍数为600倍，叶面喷施或采用水肥一体化技术根部滴灌。

茼蒿：50克聚谷氨酸溶于水中，稀释倍数为800倍，叶面喷施或采用水肥一体化技术根部滴灌。

花卉：10~25克聚谷氨酸溶于水中，稀释倍数为600~1 200倍，叶面喷施或采用水肥一体化技术根部滴灌。

林木：10~30克聚谷氨酸溶于水中，稀释倍数为600~1 200倍，叶面喷施或采用水肥一体化技术根部滴灌。

六 聚谷氨酸发展展望

γ-PGA作为一种新型的高分子材料，在农业领域（尤其在国外）已经得到广泛的研究与应用。目前，国内专门研究γ-PGA的企业和研究机构虽然相对较少，但随着人们对这种新型高分子材料认识的加深，其研究将会受到越来越多的企业与科研机构的关注，其在我国农业上的应用将是相关领域的一个新的生长点。

为了扩大γ-PGA在农业中的应用范围，今后要在加强基础科研力量的基础上，重点从五个方面开展工作：①选育优良的菌种，提高微生物发酵生成γ-PGA的产率；②不要仅停留在实验室阶段，应加大科研力度，争取开发一套比较完备的γ-PGA发酵生产工艺，实现γ-PGA生产的产业化；③加强对γ-PGA发酵液中产物提取的研究，提高γ-PGA的提取率；④促进γ-PGA农用的多元化：将γ-PGA与化学肥料复合制成新型生物有机无机复合肥，同时应根据不同作物生长规律的需要研究γ-PGA增效作物专用肥料，如γ-PGA花卉专用肥等；⑤加强γ-PGA的作用机制方面的研究，提高对γ-PGA的认识，从而提高其在农业中的应用效果，为其推广奠定基础。

第八章 其他肥料及其应用关键技术

第一节 有益元素肥料及其应用关键技术

一 镍肥与植物镍营养[第十七元素肥料(Ni)]

镍肥是能够快速提供植物生长所需镍元素（Ni）的微量元素肥料之一,也是植物生长发育过程中必备的养分肥料。1885年福希哈默尔首次在植物体中发现镍元素,它能够参与植物整个生命发育过程,协同促进植物体中营养元素在各器官的吸收、利用和运输。而镍在地壳中是含量比较丰富的矿物元素之一，它是一种银白色金属,1751年首先由瑞典矿物学家克朗斯塔特分离出来，研究者同年又明确了镍是人体需要的元素,主要是脲酶的辅基。镍具有良好的机械强度和延展性,难熔,耐高温,并具有极强的化学稳定性、在空气中不易氧化等特征,因此,也被视为一种十分重要的有色金属原料。此外,镍是许多生物体内必不可缺的微量元素之一,它影响着某些酶的活性,对维持细胞的氧化还原状态十分重要,同时还参与各种生理、生化和生长反应。然而,生物体对镍的需求量是有限的,镍超出一定的范围就会对生物体产生多种毒害作用。当镍的浓度高于10毫克/千克时,一些农作物生长过程将会受阻,如高粱和红花。水稻受到高浓度的镍胁迫后表现出水稻根系生长受阻、过氧化氢酶活性(CAT)下降和可溶性蛋白减少、O_2产生速率和相对电导率提高等现象,表明镍元素胁迫下水稻生长受到了明显的抑制。镍元素长期在土壤中累积，不易迁移、难以降解，会导致土壤中的镍浓度越来越高，直接造成经济损失以及损害人体健康。

1.植物体内镍的含量、分布和形态

植物体中镍元素含量一般为0.05~5.00毫克/千克。相比其他微量元素含量较低，主要分布在茎中，少量分布在叶片中。根据植物体中镍含量高低，可将植物分为镍超累积型和镍累积型两类。镍超累积型植物通常指镍含量超过1 000毫克/千克临界值的植物，主要代表植物为生长在热带雨林的超镁铁质土壤中的喜树。而植物体内含镍在5~1 000毫克/千克时，通常被认为是镍累积型植物。镍累积型植物根系吸收的镍主要积累在地上部，少量存在根系中，代表植物包括紫草科、十字花科、豆科和石竹科等野生和栽培的植物。此外，将植物体内镍含量低于5毫克/千克的称为非累积型植物，该类植物根系中镍含量较镍累积型植物高，而地上部分镍含量较低。

镍在植物体中的吸收形态主要分离子态镍（Ni^{2+}）和络合态镍（如Ni-EDTA和Ni-DTPA）。离子态镍是植物体内镍的主要存在形式，通常以游离态形式随着木质部中维管束运输到地上部分，供植物生长发育所需。而络合态镍是植物体内存在的第二种主要形式，通常与有机酸或多种肽形成螯合物，能够较迅速地通过木质部运往叶片和籽粒等营养和生殖器官，进而提高植物叶片光合作用，促进光合同化物的形成、分配与再利用。

2.镍元素的营养功能

镍元素是植物体中重要的微量元素，在整个植物生长发育过程中不可或缺，能够诱导种子萌发和促进幼苗生长。因此，在种子萌发或幼苗生长阶段可通过施用一定量的镍肥进行调控，提高种子的萌发率和出苗率，达到育苗壮苗的效果。而在土壤中，镍元素可作为脲酶的金属辅基，在尿素水解过程中充当催化剂，能够将所施用的尿素通过水解作用，降解为氨和二氧化碳。此外，植物体生长过程中也存在一些合成尿素的途径，主要包括老组织中含氮化合物的降解和生殖生长期中含氮降解产物的重新分配等。而植物体中产生的尿素通常难以被直接降解，需要通过植株从土壤中吸收一定含量的镍，进而将所产生的尿素通过镍催化作用

进行降解，起到一定的降低尿素毒害作用，进一步证实了镍在植物体中催化尿素降解具有普遍的生理生化意义。

3.植物镍营养失调的症状

植物在生长过程中由于缺少某些元素会出现营养失调的症状，如缺氮首先会引起植物叶片叶缘和老叶片变黄等。而在植物缺少微量元素时，植物生长缓慢，甚至发育停滞。在豆科植物或葫芦科植物体中镍元素的需求相对较高，缺乏镍元素时，症状出现较为明显。缺镍症状出现主要是由于豆科、葫芦科等植物体中的氮代谢中均有脲酶的参与，而镍是脲酶中重要的金属辅基。因此，当植物缺乏微量元素镍时，植物叶片脲酶活性降低，地下部根瘤氢化酶活性下降，地上部叶片首先出现坏死斑、茎坏死、种子活力下降等；其次，叶小色淡、直立性差，最初叶脉间失绿；最后将向下继续延伸，叶尖和叶缘发白。

当植株体中镍含量超过一定的临界值时，也会显著影响植物生长发育，同时会出现一定的镍中毒症状。如豆科植物中镍过量时，会出现生长缓慢，叶片绿色度降低，叶片变形，斑点、条纹状出现，叶脉间呈现褐色坏死等症状。而在部分十字花科植物上，会引起植物果实发育不良，果实尺寸偏小，提前着色，影响植物果实的品质和经济价值。然而，以上镍中毒表现的失绿症并非植物缺乏单一镍元素引起，也可能是缺铁和缺锌所致。需要根据特定植物具体症状加以区分。

通过施用一定含量的微量元素肥料可防治植物某些病虫害。如苜蓿出现病害时，通过施用低浓度的镍肥可促进紫花苜蓿叶片中过氧化物酶和抗坏血酸氧化酶的活性，促进有害微生物分泌的毒素降解，从而增强作物的抗病能力。

二 镍肥的种类和性质

生产实际应用中常见的镍肥种类主要有氯化镍（$NiCl_2$）、硫酸镍（$NiSO_4$）、硝酸镍［$Ni(NO_3)_2$］三种，具体性质如下：

氯化镍（$NiCl_2$）：通常为绿色结晶性粉末。在潮湿空气中易潮解，受热脱水。溶于乙醇、水和氢氧化铵，水溶性pH约为4.0。

硫酸镍（$NiSO_2$）：蓝绿色结晶性粉末状，正方晶系。易溶于水，其水溶液呈酸性，pH约为4.5。

硝酸镍[$Ni(NO_3)_2$]：碧绿色单斜晶系板状晶体，易溶于水、液氨、乙醇等液体，而在丙酮溶液中微溶。其水溶液呈酸性，pH约为4.0。具有吸湿性特征，在潮湿空气中迅速潮解。

三 镍肥施用方法及关键技术

1.土壤施镍方法

镍肥为微量元素肥料，一般用量很少，具有较强的专一性，可与其他大量养分肥料混合后撒施，也可通过翻耕入土作为基肥施用，满足整个植物生长周期对镍的需求。

2.植物施镍方法

叶面肥在农业生产中被广泛应用，是高产栽培和养分管理中重要的技术措施之一。镍肥可作为叶面肥进行喷施，通常将其与水以一定比例混合后，以液态喷雾形式施用于植物叶片表面，植物能够通过叶面渗透扩散的方式对其吸收和转运，满足生长发育过程中对镍元素的需求。其具有肥效高、施用方便、作用快速、污染较低、针对性强等优点，可有效强化作物营养管理，同时防治植物缺镍症状。

3.镍肥施用关键技术

（1）混合改良剂

在实际应用中，为了提高镍（Ni）在土壤中的固定和解毒的功效，可将镍污染的土壤与腐殖酸和牛粪的改良剂混合。随着腐殖酸浓度的增加（0~12克/千克），乙酸可溶部分（具有高环境风险的生物可利用部分）中的镍量先减少然后增加。相比之下，随着牛粪浓度的增加，该部分中的镍量继续减少。乙酸可溶部分和残留部分中的镍转化为可氧化部分，从而降低环境风险。荧光素二乙酸酯水解和碱性磷酸酶活性与乙酸可溶部分中的镍含量呈负相关（r分别为-0.695和-0.773，$P<0.01$），表明乙酸可溶部分中的镍毒性并导致酶活性受到抑制，而这些修正可以减少后续的损害。

当腐殖酸浓度为5.01~6.47克/千克时，乙酸可溶部分中的镍含量降到最低，而荧光素二乙酸酯水解和碱性磷酸酶活性达到最大值。总之，腐殖酸和牛粪是固定镍和减少土壤酶破坏的有效改良剂。腐殖酸浓度应在5.01~6.47克/千克，以达到最佳功效。

(2)富镍土壤酸度改良剂应用关键技术

富镍土壤酸度改良剂(SAA)可能有利于中和酸度并提供镍在土壤中的安全/均匀分布。我们使用三种SAA来源[两种富含镍(富含镍的采矿副产品和Ni-盐)和商业化的SAA]评估了施镍对田间种植大豆的生长、产量和土壤化学属性的短期影响。经过测试的富镍源可有效地向土壤提供镍，中和酸度并增加碱饱和度。一次性施用镍可在第一个种植季节达到最佳的镍含量，从而使谷物产量提高44千克/亩，并改善大豆中的氮代谢。第二年观察到的镍残留量很低，土壤有效镍和植物镍的含量降至次优水平，且未观察到增产。总之，富镍SAA的应用是一种可持续的农业技术，可优化土壤管理实践。从副产品中提取的SAA对采矿业有利，符合“确保可持续的消费和生产方式”(SDG 12)。我们的观察研究表明，这种微量元素可能需要通过施镍肥进行逐年调整，并且应在整个种植季节对土壤中的总镍浓度进行监测。

盆栽试验施用2种由磷、氮含量较高的化学镀镍废液浓缩液制成的复合肥，结果表明：施用浓缩液复合肥后，玉米幼苗生长正常，肥效与对照的“过磷酸钙”复合肥无显著差异；与不施肥相比，可显著提高玉米幼苗地上部干质量和土壤的氮、磷、钾含量，表明浓缩液复合肥对玉米生长有明显的效果。

第二节　氯　肥

氯是一种非金属元素，氯单质由两个氯原子构成，化学式为Cl_2。气态氯单质俗称氯气，液态氯单质俗称液氯。氯气常温、常压下为黄绿色气体,有强烈的刺激性气味,化学性质十分活泼,具有毒性。1630年,比利时化学家赫耳蒙特认识到游离氯气是一种单独物质。1774年,瑞典化学家舍勒写了一篇关于氯气的描述,假设它是一种新元素的氧化物。1809 年,化学家提出这种气体可能是一种纯元素,并在1810年得到了戴维的证实。1954年,波义耳等证实氯是高等植物所必需的营养元素。氯以化合态的形式广泛存在于自然界,对人体的生理活动也有重要意义。

一 植物体内氯的含量、分布和形态

氯是一种比较特殊的矿物质元素,主要以Cl^-形式存在于植物的枝、叶等营养器官中。在7种必需的微量元素中,植物对氯的需要量最多。许多植物体内的氯含量很高,含氯10%的植物并不少见。 Cl^-在营养器官中的含量占总量的80%以上,且在下层叶或老叶中的积累多于上层叶或嫩叶。植物种子中积累的氯含量有限,为1.0%~2.9%。Tang等人使用^{36}Cl作为痕量指示剂发现棉花各部位氯含量的分布顺序:叶>茎>根>种子>纤维;水稻:芽>外壳>糙米>根;生菜:叶子>芽>根。大豆、烟草、茶树、稻草和苋菜中的分布也与上述作物相似。氯的分布特点:茎叶中多,籽粒中少。

一些研究已经报道了高等植物中氯的浓度(表8-1)。早期,约翰逊等通过溶液培养实验研究得出植物组织中的临界氯浓度约为0.1克/千克。大约1.5克/千克是地上植物头部出苗时的临界氯浓度。植物中氯平均含量在2~20 克/千克干物重范围。然而,在大多数植物中,最佳植物生长所需的氯在0.2~0.4 克/千克干物重。此外,猕猴桃叶片氯含量为2.13克/千克,甜菜氯含量为0.71克/千克,椰子和油棕氯含量为2.49克/千克才能保持健康生长。

在植物体中,氯以离子(Cl^-)态存在,移动性很强。大多数植物吸收Cl^-的速度很快,数量也不少。植物吸收Cl^-的速度主要取决于介质中氯的浓度。植物中的大部分氯不会掺入有机分子或干物质中,而是以氯化物形式保留在溶液中,并与有机分子松散结合。以组织水为基础表示的氯化物浓度通常在50~150毫摩/升。已从植物中分离出130多种天然含氯化合物,它们可能包括聚乙炔、噻吩、环烯醚萜、倍半萜内酯、蝶呤、二萜、类固

表 8-1　不同作物氯含量

作物	部位	氯含量范围(克/千克 DM)		
		缺乏	正常	过量
苹果	叶片	0.1		>2.1
柑橘	叶片		2.0	4.0～7.0
椰子	叶片	2.50～4.50	>7.0	
棉花	叶片		10.0～25.0	>33.1
猕猴桃	叶片	2.10	6.0～13.0	>15.0
生菜	叶片	>0.14	2.8～19.8	>23.0
梨	叶片		<0.50	>10.0
桃子	叶片		0.9～3.9	10.0～16.0
土豆	叶柄	0.71～1.42	18.0	44.8
大豆	叶片		0.3～1.5	16.7～24.3
玉米	芽	0.05～0.11		
花生	地上部		<3.9	>4.6
水稻	地上部	<3.0		>8.0
草莓	地上部		1.0～5.0	>5.3
甜菜	叶片	0.71～1.78		
甜菜	叶柄	<5.7	>7.2	>50.8
烟草	叶片		1.2～10.0	>10.0
番茄	地上部	0.25		30.0

醇和赤霉素、美登素、生物碱、氯化叶绿素、氯吲哚和氨基酸、酚类物质和脂肪酸。尽管植物中天然存在的含氯化合物的功能在植物营养方面并未受到太多关注，但这些化合物通常表现出强烈的生物活性这一事实表明有必要研究它们的潜在重要性。一些含氯化合物可能在植物中充当激素，或者它们可能具有保护植物免受其他生物攻击的功能。氯主要以阴离子形式作为氯化物存在于土壤溶液中。土壤提取物中的氯化物浓度范围可能从小于1毫克/千克到几千毫克/千克。氯也可能以有机物形式存在，例如氯化烃农药残留物。这些含氯分子中的一些是顽固的，而其他的可以被代谢或矿化以释放氯。尽管植物可以从叶面和大气中积累氯，但

植物组织中氯的浓度通常与土壤中氯的供应或浓度密切相关。

二 氯的营养功能

1.参与光合作用

在光合作用中，氯作为锰的辅助因子参与水的光解反应。水光解反应是光合作用最初的光化学反应，氯的作用位点在光系统Ⅱ。研究表明，在缺氯条件下，植物细胞的增殖速度降低，叶面积减少，生长量下降约60%，光合O_2释放量随外部Cl^-供应量增加而增加，但氯并不影响植物体中光合速率。由此可见，氯对水光解反应释放O_2的影响不是直接的，氯可能是锰的配合基，有助于稳定锰离子，使之处于较高的氧化状态。氯化物在光系统Ⅱ的水分解系统中也起着重要作用。氯不仅为希尔反应放出O_2所必需，还能促进光合磷酸化作用。植物中的氯主要在叶绿体中积累，对光合功能至关重要。

2.调节气孔运动

氯对气孔的张开和关闭有调节作用。当某些植物叶片气孔张开时，K^+流入是靠代谢过程中消耗淀粉产生陪伴离子，主要是苹果酸根的有机酸阴离子；但是对某些淀粉含量不多的作物（如洋葱），氯化物对气孔功能至关重要，当K^+流入保卫细胞时，由于缺少苹果酸根，则需由Cl^-作为陪伴离子。缺氯时，洋葱的气孔就不能自如地开关，而导致水分过多地损失。在椰子中，气孔从副细胞打开到保卫细胞的过程中，钾和氯化物的通量之间存在密切的相关性；在缺氯植物中，气孔开放延迟约3小时。棕榈树气孔调节受损被认为是造成缺氯植物生长抑制和萎蔫症状的主要因素。由于氯在维持细胞膨压、调节气孔运动方面具有明显作用，故能增强植物的抗旱能力。

3.激活H^+泵ATP酶

以往人们了解较多的是原生质上的H^+–ATP酶，它受K^+的激活，而在液泡膜上也存在H^+–ATP酶。与原生质上的H^+–ATP酶不同，这种酶不受一价阳离子的影响，而专靠氯化物激活。该酶可以把原生质中的H^+转运到

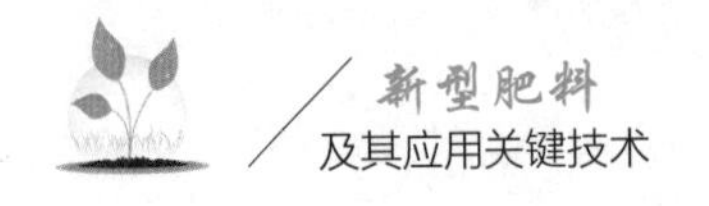

液泡内，使液泡膜内外产生pH梯度（胞液，pH>7；液泡，pH<6）。缺氯时，植物根的伸长严重受阻，这可能和氯的上述功能有关。因为缺氯时，影响活性溶质渗入液泡内，从而使根的伸长受到抑制。

4.抑制病害发生

施用含氯肥料对抑制病害的发生有明显作用。据报道，2013年以前至少有10种作物的15个品种，其叶、根病害可通过增施含氯肥料而明显减轻。例如冬小麦的全蚀病、条锈病，春小麦的叶锈病、枯斑病，大麦的根腐病，玉米的茎枯病，马铃薯的空心病、褐心病等。根据研究者的推论，氯能抑制土壤中铵态氮的硝化作用。当施入铵态氮肥时，氯使大多数铵态氮不能被转化，而迫使作物吸收更多的铵态氮；在作物吸收铵态氮肥的同时，根系释放出H^+离子，使根际酸度增加。许多土壤微生物由于适宜在酸度较大的环境中大量繁衍，从而抑制了病菌的滋生，如小麦因施用含氯肥料而减轻了全蚀病病害的发生。还有一些研究者从Cl^-和NO_3^-存在吸收上的竞争性来解释。施含氯肥料可降低作物体内NO_3^-的浓度，一般认为NO_3^-含量低的作物很少发生严重的根腐病。

5.渗透压调节

在许多阴离子中，Cl^-是生物化学性质最稳定的离子，它能与阳离子保持电荷平衡，维持细胞内的渗透压。植物体内氯的流动性很强，输送速度较快，能迅速进入细胞内，提高细胞的渗透压和膨压。渗透压的提高可增强细胞吸水，并提高植物细胞和组织束缚水分的能力。这就有利于促进植物从外界吸收更多的水分，在干旱条件下也能减少植物丢失水分。提高膨压后可使叶片直立，延长功能期。氯缺乏的临界水平约为2毫克/千克干物重，植物中的氯浓度通常超过该临界缺乏水平两个数量级，并在渗透调节和植物水分关系中变得重要。在这个浓度范围内，Cl^-成为液泡中的主要无机阴离子。在韧皮部树液中，Cl^-浓度可能在120毫摩左右，似乎在韧皮部的糖分装卸中起作用。作物缺氯时，叶片往往失去膨压而萎蔫。氯对细胞液缓冲体系也有一定的影响。氯在离子平衡方面的作用，可能有特殊的意义。

总之，Cl^-在不同水平的渗透压调节中具有重要作用。在高浓度（50~

150毫摩/升)植物中,它与钾一起是大块组织液泡中的主要渗透剂。在低浓度(1毫摩/升或更低)下,Cl^-的渗透压调节功能可能仅限于特定的组织或细胞,例如根和芽的延伸区、柱头以及保卫细胞,其中氯化物浓度可能远高于大块组织的平均值。

6.与营养离子的相互作用

据报道,Cl^-在一定程度上影响氮、磷、钾、钙、镁、硫、铁、锰、铜、锌、硅的吸收和利用。对水稻、大豆、卷心菜、草莓、花生和春小麦的研究表明,Cl^-对其他离子具有协同或拮抗作用,例如硝酸盐(NO_3^-)、磷酸盐($H_2PO_4^-$)和K^+的含量。在植物中发现,受到Cl^-浓度的影响,Cl^-对NO_3^-吸收具有极强的竞争作用,对磷的影响仍然存在争议。施用含氯肥料并没有降低在富磷土壤中生长的马铃薯磷含量,甚至增加了老叶和茎中的磷浓度。然而,在大豆的研究中情况正好相反,这表明植物中相对较高的氯浓度会影响磷向种子的运输。氯对钾的影响还取决于外部氯供应水平,即使在外部Cl^-供应水平较低的情况下,植物也会吸收更多的K^+来平衡其中带负电荷的Cl^-,然而,当Cl^-水平高到足以产生毒性时,由于细胞代谢紊乱,K^+的吸收会减少。在猕猴桃中,增加营养液中的Cl^-浓度对叶片中的钾浓度没有影响。相比之下,叶子中氯化物的浓度部分受植物钾状态的影响。在任何给定的产量下,增加钾的浓度会导致叶子中的氯化物浓度降低。植物物种在氯与其他离子的相互作用方面存在差异。

7.其他作用

氯对酶活性也有影响。氯化物能激活利用谷氨酰胺为底物的天冬酰胺合成酶,促进天冬酰胺和谷氨酸的合成。氯在氮素代谢过程中有重要作用。

适量的氯有利于碳水化合物的合成和转化。例如,氯能增加菜豆中总碳水化合物、蔗糖和淀粉的含量(表8-2)。

表8-2　施用含氯肥料对菜豆中碳水化合物含量的影响

肥料种类	总碳水化合物	蔗糖(葡萄糖+果糖)	淀粉
	毫克/克 DM	毫克/克 DM	毫克/克 DM
KCl	58.7	20.8	10.0
K_2SO_4	42.5	7.0	7.8

三 植物氯营养失调的症状

植物轻度缺氯表现为生长不良，重度缺氯表现为叶片失绿、凋萎。番茄缺氯时，叶片尖端最先出现凋萎，而后叶片失绿，进而呈青铜色，逐渐由局部遍及全叶坏死，根系生长反常，表现为根细而短，侧根少，且不结果。甜菜缺氯的症状为叶细胞增殖速率下降，叶片生长速度显著变缓，叶面积变小，叶脉间失绿。在缺氯小麦中，症状表现为叶片组织褪绿或坏死。在椰子中，症状表现为叶片萎蔫和过早衰老、叶片断裂、茎干开裂及“出血”。

在大田中很少有缺氯作物，因为即使土壤供氯不足，作物也可从雨水、灌溉水以及大气中获得补充。而实际上，作物含氯量过多是生产中的一个问题。土壤中氯化物过量时，对部分作物是有害的，严重时出现中毒症，主要症状为叶缘似烧伤，叶片早熟性发黄，以及叶片脱落。

不同作物对氯的敏感程度不同，糖用甜菜、玉米、菠菜、大麦和番茄的耐氯能力强；烟草、马铃薯、柑橘、莴苣和一些豆科作物的耐氯能力弱，容易氯含量过高而被毒害。一般情况下，氯的危害不会呈现明显症状，但会抑制作物生长，同时影响产量。对于部分作物而言，含氯肥料的施用也会降低品质，例如氯会影响烟草燃烧性、减少薯类作物淀粉含量等。

大多数作物对氯中毒存在一定的敏感期。往往中毒发生在某一较短的时期内，有时症状仅发生在某一叶层的叶片上。敏感期过后，症状趋于消失，生长也能基本恢复正常。禾本科作物对氯的敏感期主要在幼苗期。如小麦、大麦、黑麦等是在2~5叶期，大白菜、小白菜和油菜在4~6叶期，水稻在3~5叶期，柑橘和茶树在1~4年生的幼龄期。

四 氯肥的种类和性质

氯从多种来源添加到土壤中，包括雨水、灌溉水、动物粪便、植物残体、肥料和一些作物保护化学品。每年从大气中沉积的氯化物量从大陆地区的1.2~2.4千克/（亩·年）到沿海地区的超过6.7千克/（亩·年）不等。动物粪便或植物残留物中的大部分氯化物是可溶的并且很容易被作物吸收。由于动物粪便中的大部分氯化物可能存在于液体部分中，因此粪便管理和处理可能会影响氯化物的浓度。

氯化钾是应用最广泛的氯化物肥料。虽然氯化钾通常用作钾肥，但实际上每千克钾提供0.9千克氯化物。其他氯化物肥料包括NaCl、$CaCl_2$、$MgCl_2$和NH_4Cl（表8–3）。所有这些盐都是可溶的，并且很容易被植物吸收以提供氯化物。Cl^-在土壤中转化过程大致如下：Cl^-和H^+在酸性土壤施用氯肥后结合生成盐酸，很大程度上提高了土壤酸性；而在中性或碱性土壤中施用氯肥，分解残留的Cl^-与土壤中的Ca^{2+}结合生成难溶性的$CaCl_2$。因此，长期单独施用含氯等生理酸性肥料不仅容易导致土壤变酸，干扰活跃在土壤里的有益微生物正常活动，而且肥料中的副成分Cl^-与土壤钙结合，易生成难溶性$CaCl_2$随水流失，导致土壤结构中不可缺少的钙元素过度流失，使土壤结构从疏松变得板结。

表 8 – 3　常用作氯肥的来源

来源	氯含量(%)
KCl	47
NaCl	60
NH_4Cl	66
$CaCl_2$	64
$MgCl_2$	74

氯化铵，简称氯铵，含氯离子66.3%，呈白色或略带黄色的方形或八面体小结晶，属生理酸性肥料，因含氯较多不宜在酸性土和盐碱土上施用，不宜用作种肥、秧田肥或叶面肥，也不宜在氯敏感作物（如烟草、马铃薯、柑橘、茶树等）上施用。氯化铵用于稻田肥效较高而且稳定，因为氯既可抑制稻田硝化作用，又有利于水稻茎秆纤维形成，增加韧性，减少水稻倒伏和病虫侵袭。

氯化钾，含氯离子47.5%，呈白色或稍带紫红色的结晶，易溶于水，是一种含有高浓度速效钾的钾肥，属于生理酸性肥料。农用氯化钾有效钾含氯高达60%。对大多数农作物来说施用的是其中的钾养分而不是氯，对喜氯的棉麻作物来说，施用氯化钾作为肥料既能起到钾的作用又能发挥氯的肥效。对喜氯和耐氯农作物来说，氯化钾可作为基肥施用，一般每亩施用量为9千克左右，作为追肥每亩施用量为6千克左右，作为叶面肥以0.5%~1.0%的施用浓度为宜。土壤施肥不宜在盐碱地中施用。

五 氯肥的施用方法

不同作物耐氯程度有所差异。对于耐氯力强的作物，土壤氯浓度大于600毫克/千克条件下能正常生长，即相当于每亩每个生长季节施入氯量1 350千克，如水稻、棉花、红麻、菠菜、甜菜、高粱、谷子等，这类作物可使用氯离子质量分数大于30%的高氯肥料，能获得更好的增产效果。对于耐氯力中等的作物，土壤氯浓度在300~600毫克/千克能正常生长，即相当于每亩每个生长季节施入氯量675~1 350千克，如大(小)麦、油菜、玉米、大豆、蚕豆、豌豆、甘蔗、花生、番茄、黄瓜、萝卜等，这类作物可使用氯离子质量分数15%~30%的中氯肥料，能获得非含氯肥料同样或更好的增产效果，也不会影响作物品质。对于耐氯力弱的作物，土壤氯浓度小于300毫克/千克条件下能正常生长，即相当于每亩每个生长季节施入氯量675千克，如马铃薯、甘蔗、西瓜、柑橘、茶叶、辣椒、苋菜、葡萄等在土壤含氯小于50毫克/千克的地区，这类作物可以适量施用低氯肥料；莴笋、白菜、甘薯、烤烟、草莓、苹果幼树为忌氯作物，最好不用氯化铵等含氯化肥。

施用过程中，要注意以下几点问题：第一，应注意在敏感作物和作物的敏感期施用含氯化肥。在农业生产中，对氯元素敏感的作物称为忌氯作物。在北方主要是烟草、葡萄、西瓜、马铃薯等，上述作物严禁施用含氯化肥或需要严格控制氯肥施入量。同一类作物不同生长时期抗氯性差异较大，如果需要施用氯肥，要避开作物的氯敏感期，大多数作物的氯敏感期在苗期，如北方小麦在2~5叶期对氯敏感；十字花科的大白菜、小白菜和油菜在4~6叶期对氯敏感。第二，尽量在降雨量较多的季节和地区施用。在多雨的季节或降水较多的地区施用含氯化肥，氯离子可随水淋失，不易在土壤中积累，因而可避免对作物产生副作用。无灌溉条件的旱地、排水不良的盐碱地和高温干旱季节以及缺水少雨地区最好不用或少用含氯化肥。第三，因土壤理化性状不同，区别施用含氯化肥。资料表明，当土壤pH>6.5时，中性或碱性土壤里含钙较丰富，可以适当施入含氯化肥；当土壤pH<6.5时，土壤为酸性土壤，施入氯肥前宜先配施石灰或其他碱性肥料，并搅拌混匀，可以实施覆盖深施含氯化肥。在北方多雨季节，当施入含氯化肥后，氯离子大部分随水流失，很难被土壤吸附和积累而导致栽培作物的氯害，在土壤为盐碱地块，本身氯离子含量较高，含氯化肥应当严禁施入。第四，作为混配肥施用有机肥及磷肥。农业生产实践证明，如果合理地将含氮、磷、钾肥有机肥或化肥与氯肥混合施用，不仅可大力发挥养分间的交互效应，还能改善混合前单一肥料的一些不良性质。首先，在施用含氯化肥的同时，配置施入优质有机肥，不仅大大提高了含氯化肥的效果，同时又减轻或避免了氯肥的不良影响，大幅度提高了施肥效果。再者，根据氯离子与磷离子的拮抗作用，氯肥与磷肥配施，可以利用氯离子与磷离子的拮抗作用，大大减轻或降低氯的毒害，从而进一步实现安全施用。因此，施含氯化肥时配施适量的磷肥是科学的。最后，施入含氯化肥时，与尿素、磷酸铵、过磷酸钙、钙镁磷肥等配制而成的复（混）合肥、配方肥，可大幅减轻氯离子的危害，实现了平衡施肥的效应。第五，施用含氯化肥要特别注意施肥方法与施肥量。基肥或追肥施入含氯化肥均可，但值得注意的是，因为氯离子具有水溶的特性，所以严禁用作种肥或基肥。因为氯离子遇水后，生成了水溶性氯化肥，大大提高了水溶液浓度，对作物种子发芽及幼苗生长具有一定的危害，所以不要和作物种子及幼苗直接接触。含氯化肥作为基肥时，应当施入土表以下5~6厘米，也可以条施在生长的作物行间，如此避免了与种子和幼苗根系的直接接触。在无灌溉条件的土地，追施含氯化肥可以采用撒施方法，并于施后及时中耕。含氯化肥的合适施用量以氯浓度小于200毫克/千克为宜，折合每亩施氯化钾25~40千克、氯化铵30~40千克、氯化钾复合肥40~50千克。除此之外，还要特别注意施用方法：氯肥做基肥时，应提早深施，要控制在作物播种或移苗前7天施用；氯肥做追肥时，采取穴施或条施，并与作物植株相距8~10厘米。如果施用氯肥量较大，可采用少施多次的方法进行，一般分2~3次施入。

第三节 二氧化碳气体肥料

一 CO_2气体肥料及发展前景

常温、常压下呈气体状态的肥料称之为气体肥料。气体的扩散性强，因此气体肥料主要是用在温室和塑料大棚中。二氧化碳(CO_2)是一种常用的气肥。在温室中施用CO_2可提高作物光合作用的强度和效率，促进根系发育，提高产品品质，并大幅度提高作物产量。CO_2是植物进行光合作用所必需的原料之一。温室或塑料大棚由于经常与大气隔离，作物所需CO_2无法从大气中得到补充，往往满足作物生长的需要，直接影响蔬菜等作物的质量、产量和经济效益。在一定范围内，CO_2的浓度越高，植物的光合作用也越强。美国科学家在新泽西州的一家农场里，利用CO_2对不同作物的不同生长期进行了大量的试验研究，发现CO_2在农作物的生长旺盛期和成熟期使用，效果最显著。在这两个时期中，如果每周喷射2次CO_2气体，喷上4~5次，蔬菜可增产90%，水稻增产70%，大豆增产60%，高粱甚至可以增产200%。

工业革命以来，人类活动造成大气中CO_2的浓度持续上升。CO_2浓度的不断增加，在通过温室效应导致全球变暖的同时，也提高了植被的光合作用速率（CO_2施肥效应），增加了陆地生态系统吸收大气CO_2的能力（碳汇能力），从而减缓全球变暖的速率。而农业生产定量评估CO_2施肥效应，并分析其对植物生长、生理生态效应，有助于准确评估全球陆地生态系统的固碳能力及其变化趋势。

气肥生产及其应用前景很大，但目前科学家还难以确定不同作物之间究竟吸收多少CO_2后效果最好。同时，一些其他类型的气体肥料仍在探索中。例如德国地质学家埃伦斯特发现，凡是在有地下天然气冒出来的地方，植物都生长得特别茂盛。于是他将液化天然气通过专门管道送入土壤，结果在两年之中这种特殊的气体肥料都一直有效。原来是天然气中的主要成分甲烷起的作用，甲烷用于帮助土壤微生物的繁殖，而这些微生物可以改善土壤结构，帮助植物充分地吸收营养物质。

二 CO_2气体肥料制备及其优缺点

1.生物分解法

利用微生物分解有机物产生CO_2。常用增施有机肥和畜禽粪便堆沤，利用微生物发酵产生CO_2。该法的优点是不需设备投资，原料就地取材，成本低；缺点是产气缓慢，无法控制气量。同时产生如NH_3、NO_2、H_2S等有害气体，易造成环境污染。

2.燃烧法

即通过燃烧酒精、柴油、汽油、天然气、液化气、沼气等液体、气体燃料产生CO_2。该法的优点是启动性好、供气量大、操作方便；缺点是消耗能源多、基础设施投资大，成本高、气量不易控制。

3.电解法

利用电解原理，把可溶性金属碳酸盐作电解质进行电解，放出CO_2。该法主要为发达国家专门配备安装在保护地使用。优点是气体纯，气量大，无污染，便于操作控制；缺点是设备投资大，成本高，难于推广。

4.土壤化学法

利用$CaCO_3$粉末与其他添加剂、黏合剂等混匀，高温形成固体颗粒，将之埋入土壤，经土壤作用缓慢放出CO_2。该法的优点是操作简单、省工省时；缺点是气量不易控制，应用效果较差，贮存条件要求较高。

5.成品气法

即工业制取或回收的成品CO_2经压缩贮存于钢瓶内，运至农户，直接或分装施入。优点是气量易控制；缺点是受气源产地限制，一次性投资较大，费用高。

三 CO_2气体肥料类型与施用方法

CO_2肥料主要作为作物增长剂，能够快速提供植物光合同化作用中的外源碳，提高光合有效速率和植物体内碳同化物在地上地下器官运移和分配。

常用的CO_2气肥施肥通常在温室中进行，一般方法为通常在温室大棚中吊挂式进行CO_2施用，用量200 克，提高作物光合作用所需CO_2，空气中的CO_2浓度不能满足作物优质高产的需要。棚室封闭的环境使CO_2气体施肥成为可能，同时，也是高产优质栽培所不可缺少的重要措施之一。

此外，CO_2施肥可采用吊袋CO_2施肥法。袋装CO_2肥产品形态为粉末状固体，由发生剂和促进剂组成，发生剂每袋110克，促进剂每袋5克，将两者混合搅拌均匀，在袋上扎几个小孔，吊袋内的CO_2不断从小孔中释放出来，供植物吸收利用。把装有CO_2促进剂和发生剂的小袋吊置在植物枝叶上端40~60厘米处，可在棚架两侧固定细铁丝挂在中间，每袋气肥使用面积30平方米左右，每亩可吊袋22袋左右。CO_2气肥使用有效期30天左右，CO_2释放量随着光照的增强和温度的升高而加大，温度过低时CO_2释放较少。

四 CO_2气体肥料关键施用技术

CO_2肥料施用关键在于其施用时间、施用浓度两个方面，合理控制CO_2施用肥料时间、施用浓度等关键技术，能够提高植物生长速率，促进植物生物量的累积，有效改善和提高经济效益。

施用时期。苗施CO_2肥利于缩短苗龄，培育壮苗，提早花芽分化，提高早期产量。苗期施肥应及早进行。果菜类定植后到开花前一般不施肥，待开花坐果后开始施肥，主要防止营养过剩和植株徒长。叶菜类则在定植后立即施肥。

施用时间。在每天揭苫后半小时开始施用，保持1~3小时，在通风前半小时停止。

施用浓度。棚室CO_2浓度一般掌握在1 000~1 500 ppm，阴天浓度低些，在600~1 000 ppm，高浓度的CO_2不但影响作物的气孔开闭，使代谢发生紊乱，影响作物生长发育，也对人体有害。低温寡照时期停止施用，避免出现副作用。

第四节　硒肥与植物硒营养

硒肥是能够提供植物体内必需微量硒元素的肥料之一，具有有效促进作物生长、提高作物体内超氧化物歧化酶（SOD）等生物酶活性及作物抗病抗虫能力、提升作物产量和品质的作用。

20世纪30年代，科学家通过实验手段检测出植物体中硒元素的存在，发现人或动物体内的硒元素均直接或间接来源于植物，且植物中硒元素具有较高的生物利用度和生物活性，植物中硒元素的生物功能与其形态和含量具有密切联系。20世纪中叶，科学家进一步证实硒元素是高等动物体内必需的微量元素。2017年，研究发现我国湖北恩施等地土壤中富含大量的硒元素，能够有效地提供植物生长所需的硒元素，通过规模化生产和种植富硒茶油植物，能够促进植物硒元素在人和动物体内的吸收与转化。这一发现奠定了湖北恩施世界硒都的美誉。

在生态环境中，硒是一种非常重要的微量元素，缺硒是引起人体克山病和大骨节病的主要原因。1973年，罗特鲁克首次证明硒是谷胱甘肽过氧化物酶的成分，具有抗氧化作用，开启了硒的生物学和无机生化研究的新纪元。近年来，微量元素硒的作用已引起了国内外的广泛关注。我国《硒与健康》数据库和营养研究结果显示，硒是人体健康和动物身体所需的14种微量元素中的一种，同时兼具营养、毒性和解毒三重功能，被称为“生命保护剂”。

一 植物体内硒的吸收与运输

不同植物对土壤硒的吸收和累积不尽相同，土壤中不同形态硒对植物硒吸收和转运亦有显著影响。研究已经证实十字花科、百合科和豆科作物比菊科、禾本科和伞形科植物富硒能力强。硒酸钠处理的土壤中菠菜、花椰菜、萝卜、洋葱和土豆等11种蔬菜均能快速地吸收硒且向地上部转运，但不同作物间差异明显，以萝卜的可食用部分硒累积量最高，而洋葱的球茎硒含量最低。卷心菜、花椰菜、唐莴苣和羽衣甘蓝这4种蔬菜在土壤中吸收硒酸盐的能力显著高于亚硒酸盐，以花椰菜的地上茎部硒含量最高。

二 硒的营养功能

1.硒对植物生长和果实品质的影响

早先的研究表明，很少的硒可以刺激聚硒植物的生长，但对非聚硒的植物有强烈的抑制作用。高浓度时，多数植物出现硒中毒症状，生长及生理活动受到抑制。科学家们对水果、蔬菜、粮食作物、食用菌以及螺旋藻、烟草、茶叶等多种植物进行了硒肥试验，结果表明，适量的硒对提高作物产量和品质有显著作用。

2.硒能促进植物抗氧化作用

需氧生物在机体代谢过程中产生具有较强氧化能力的活性氧和自由基，它们的生成受保护酶类和小分子抗氧化剂等物质的调节，并能清除这些物质。其抗氧化性主要是通过提高谷胱甘肽过氧化物酶（GSH-Px）的活性而实现的。此外，硒还能改变其他保护活性氧的酶，例如超氧化物歧化酶（SOD）、过氧化氢酶（CAT）和过氧化物酶（POD）等，使机体内各种抗氧化系统保持动态平衡。在植物抗性方面，硒可以通过酶促系统和非酶促系统两种机制发挥抗氧化作用。

3.硒与植物蛋白质代谢

在蛋白质代谢过程中，硒至少以两种方式参与代谢：①无机硒进入植物体内后，迅速转化成硒代半胱氨酸、硒代胱氨酸、硒代高胱氨酸、硒代蛋氨酸、硒代蛋氨酸等多种氨基酸，它们以原料形式直接参与蛋白质的合成；②已发现硒是植物体内核糖核酸链的组成成分，其主要生理功能是转运氨基酸合成蛋白质。

4.硒的防病促生功能

硒可通过植物免疫机制，如与重金属结合形成难溶性化合物，并通过生物抗氧化作用，提高植物对病虫害、环境污染物和各种生理逆境的抵抗力。

硒能保护水稻细胞膜，降低电解质外渗，增加植株脯氨酸和束缚水含量，提高束缚水和自由水在植株体内的比例，提高水稻的抗逆性；通过在苹果树上注射富硒营养物质的试验，发现硒也能治疗黄叶病缺素症。

三 植物硒营养失调症状

作物生长缺硒易引起生长缓慢和凋亡，而在蔬菜上缺硒会引发生理性病害，影响产量和外观。比如黄瓜缺硒易弯曲、大白菜缺硒易患干烧心病等，外观看起来不错，可是内部出现腐坏，使其收益降低，耐贮性也降低，即便是长势好、结果多，耐贮性差同样也会降低收益。

另外，缺硒也会使作物很容易受到重金属的侵害，也许很多农户会认为重金属的侵害离作物很远，但事实并不是这样。土壤、水源、周边环境等如果有重金属侵袭，或者重金属超标，都会影响作物的生长，使其生长缓慢，造成作物中毒的现象。

缺硒的作物会变得很脆弱，容易受到病菌、虫害的侵袭，使植物生长缓慢，甚至凋亡。因此，施用一定的硒肥可提高植物抵抗病虫害的能力。

四 硒肥的种类和性质

常见的硒肥主要分为三种：无机硒、有机硒及生物硒，目前从应用效果上看生物硒比较好，其生产的富硒农产品更利于人体吸收转化，补硒效果比较好。但最常用的是有机硒肥，它的优点是通过叶面均匀喷施，吸

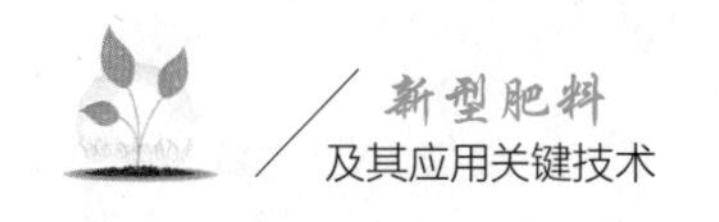

收效果好，硒含量高且稳定，并且能促进农作物生长，增强植株体内抗氧化能力，提高植株的抗逆性，拮抗重金属吸收。而无机硒肥不易吸收，且有毒性，长时间使用会使作物发育不良，植株矮小。

而随着生物技术、纳米技术的发展，新型的富硒肥主要有生物硒肥、纳米硒肥和缓释硒肥三种。生物硒肥主要是指利用生物技术制造的对作物具有一定特效的生物制剂，其有效成分可以是一些活的生物体、生物有机体的代谢物或其转化物等。李明山等人用硒矿粉与有机肥混合，在枯草芽孢杆菌发酵催化下制备出富硒有机肥。

五 硒肥的施用关键技术

为了促进植物生长发育，提升作物的抗病性，形成自身的防御系统，需做好以下几点：

（1）做好基肥的管理工作

在撒施基肥的时候，除了要撒施氮肥、磷钾肥，也要采用富硒复混肥，在配比肥料的时候，须按比例进行，不要过于随意和盲目。通过按比例混匀硒肥可有助于作物吸收硒元素，也能改善土质。但是硒并不是越多越好，因为所有元素的摄入都是有度的，过度施用硒会造成污染。

（2）撒施叶面肥

撒施叶面肥是最为广泛和通用的补硒方式，在使用过程中，作物不同的时期对硒的需求也会不同。所以，根据作物吸收硒的规律有效控制叶面肥的用量和时间即可达到补硒的目的。

要注意使用叶面肥的混用。这样可以达到快速补硒，而且在补硒的时候有针对性，效果会更明显。实践发现，叶面肥撒施补硒比土壤中撒施补硒更利于植株的吸收。但是它也有缺点，这种补硒方式很容易受到环境的影响和限制，另外也会影响光合作用。叶面肥如果撒施不注意，会造成叶面肥料残留。如果不注意科学的管理，反而会形成药害。

（3）注意硒肥水培

在栽培作物的过程中，硒肥水培也是补硒的一个方法。也就是说要在植物营养液中加入不同浓度的硒肥，帮助作物提升硒含量。在使用硒肥水培的时候,要注意营养液的更换。如果更换不及时,会使营养液水质变差,产生负面影响。它的好处是可以保护环境。适合硒肥水培的作物一般以水培蔬菜为主,或者是水培植物,而一些旱作植物并不适合。

(4)拌种硒肥

补硒的方式还可以使用拌种硒肥，就是说有的作物种子在播种前，可以使用硒肥液进行浸泡或者使用硒肥拌种，这些都能帮助作物补硒。这样在作物播种发芽后,也能更利于其成长。但它的缺点是成本较高,所以要量力而行、因地制宜。

第五节　硅肥与植物硅营养

硅是继氮、磷、钾之后农作物生长的第四大元素,硅肥是化肥当中的新秀。现有硅肥通常是一种以硅酸钙为主的矿物肥料,可直接采用粉煤灰制作,也可使用磷矿尾砂制作。尽管粉煤灰或磷矿尾砂中SiO_2含量可高达60%,但可溶性硅占1%~2%,不易被植物吸收利用,造成硅肥用量大而肥效差的现象。因而,提高可溶性硅含量便成了提高硅肥肥效的关键。

硅是地壳和土壤中第二丰富的元素,迄今人们对硅的生物学作用了解尚少。尽管目前尚无法证明硅是植物生长的必需元素,但硅至少对禾本科植物的健康生长是有益的。硅对植物生长的有益作用已越来越受到重视,在农业可持续发展中将发挥更大的作用。硅可提高作物对重金属毒害的抗性、增强作物的抗病性,对于少施、不施农药,发展无毒、无污染的绿色食品,保障食物的安全具有重要的意义。

一　植物体内硅的吸收与运输

植物体内硅的主要形态是无定形硅胶(又称蛋白石)和多聚硅酸,其次是胶状硅酸和游离态单硅酸[$Si(OH)_4$]。木质部液体中的硅通常是单硅酸。在植物体的不同器官中,硅的形态也有很大差异,根中的离子态硅的含量比较高，水稻可达8.0%，叶片中的难溶性硅胶高达99%。

在高等植物体内，硅的吸收主要以分子态的硅为主，不同植物吸收硅的能力有显著差异，而植物基因型的差异对硅元素的吸收也有很大影响。一般而言，植物体内吸收的硅含量与土壤溶液中的硅酸浓度呈显著正相关。然而，硅在植物体内的运输仅仅在植物的木质部中，依赖于作物各器官的蒸腾速率，进而从土壤向植物系统转变。

植物体含硅量通常以SiO_2的百分数形式表示。一般栽培作物按照SiO_2含量可分为含硅量高、中、低等三类：

含硅量高的植物：主要是莎草科、禾本科的湿生种类植物，如水稻含硅量在5%~20%。

含硅量中等的植物：通常以旱地禾本科植物为主，如燕麦、大麦等，含硅量通常在2%~4%。

含硅量低的植物：通常以豆科、双子叶植物为主，含硅量通常在1%以下。

硅在植物体中的分布一般不均匀（表8-4）。根据植物体内硅分布的特点主要分以下三类：

表8－4　几种植物不同部位的含硅量（SiO_2%干重）

作物种类	含量（SiO_2%干重）		
	根	茎秆	籽粒
小麦	3.11	0.60～2.24	0.11～0.16
玉米	0.78	5.96	0.04
水稻	2.74	3.7～5.60	8.40（谷壳）

第一类：总含量高，主要分布在地上部，根中累积较少，如燕麦根部的硅仅占植株总硅含量的2%。

第二类：植株各部分的硅含量均低，根中和地上部的分布大体一致，如番茄、大葱、萝卜和白菜等蔬菜。

第三类：根中含量明显高于地上部分，如绛车轴草。

然而，在组织水平上，植物体内的硅元素通常累积于木栓细胞外的表皮细胞壁中，通过其在体内的运输进入细胞壁和中胶层。

二 硅的营养功能

1.提高作物的光合作用

硅提高水稻、大麦、小麦、甘蔗等禾本科作物的光合效率，其机制是淀积在表皮细胞中的硅使植株挺拔，叶片与茎秆夹角变小，提高了植株对光的截获与利用率。

2.提高根系活性

硅提高根系的活性表现在硅可使水稻根系的白根数增加，提高水稻根系的α-萘胺氧化力，增强水稻根的泌氧能力，提高根的脱氢酶活性，从而减少厌氧条件下有害、有毒物质如Fe^{2+}、Mn^{2+}、H_2S等对根系的危害。

3.提高抗倒伏能力

由于淀积在表皮细胞壁中的硅形成角硅双层，茎秆的机械强度增加，使植株挺拔，可有效地防止水稻、大麦、小麦等作物的倒伏现象，在恶劣气候如台风袭击等情况下这种作用尤其明显。

4.增强抗病能力

硅提高作物的抗病性已是不争的事实。硅对水稻的三大病害(稻瘟病、纹枯病、白叶枯病)和胡麻叶斑病，小麦的锈病和赤霉病具有显著的抗性。硅肥可显著减轻水稻的螟虫、稻飞虱和大小麦的蚜虫危害，提高黄瓜、冬瓜、甜瓜、西瓜等葫芦科作物对真菌病害如霜霉病、腐霉病、白粉病的抵抗力，降低番茄脐腐病的发病率。然而，硅提高作物抗病性的机制尚不清楚。长期以来，人们一直认为沉积在乳突体、表皮细胞壁或受真菌侵染部位的硅对植物起着天然的“机械或物理屏障”作用，硅的积累与寄主细胞的抗病性或系统抗病能力有关。

5.提高植物的抗逆能力

硅可显著提高植物对生物胁迫(如上述的抗病性)和非生物胁迫(即环境胁迫，如铁、锰、铝等重金属毒害，盐害，干旱胁迫等)的抗(耐)性。

6.抑制作物的蒸腾作用，提高水分利用率

淀积在表皮细胞壁中的硅所形成的角硅油层可抑制水分蒸腾作用，

有利于作物经济用水,对于发展节水农业有重要意义。

7.提高作物产量、改善品质

水稻、大麦、小麦、玉米、甘蔗等禾本科作物,黄瓜、冬瓜、西瓜、甜瓜等葫芦科作物以及番茄、大豆、草莓、棉花等作物对硅肥也有较明显的反应。甘蔗、甜菜、甜瓜施用硅肥后可显著提高含糖量,番茄施用硅肥后可提高维生素C含量。增产的机制应该是综合性的效果(促进生长,提高光合作用,促进对养分的吸收,提高对养分的利用率,提高抗倒伏能力、抗病性等)。

8.促进对养分的吸收,改善体内养分平衡

硅可以促进或抑制作物对某些必需营养元素的吸收与运输,从而改善作物体内的养分不平衡状况。

三 植物硅营养失调症状

长期以来,人们一直认为南方的酸性、微酸性土壤有效硅含量较低是由于强烈的脱硅富铝化的成土作用所致。因此,酸性、微酸性土壤与砖红壤、红黄壤等土壤有效硅缺乏,而北方的石灰性土壤不缺硅。但是,近十年来的研究表明,北方的石灰性土壤也存在缺硅现象。其原因是石灰性土壤中大量的碳酸钙对硅酸钙吸附与固定作用降低了硅的有效性。据粗略估计,我国大约有两亿亩水稻土存在缺硅现象。当前硅营养元素缺乏因诊断对象的不同,主要分为土壤缺硅和植物缺硅两种。

1.土壤诊断技术

土壤诊断南方酸性、微酸性土壤有效硅(pH4.0醋酸-醋酸钠缓冲液提取)含量<100~105毫克SiO_2/千克,表明土壤缺硅,水稻等作物施用硅肥有显著增产效应。土壤有效硅含量在100~130毫克SiO_2/千克,施用硅肥可能有效。北方石灰性土壤有效硅 (pH4.0醋酸-醋酸钠缓冲液提取)含量<300毫克SiO_2/千克,施用硅肥仍然有显著效果。

2.植株诊断技术

根据茎秆SiO_2全量诊断:成熟期水稻茎秆SiO_2全量<10%,表明水

稻缺硅。

根据形态诊断：缺硅水稻茎秆柔软，叶片下披，呈垂柳状，遇风易倒伏，病害如稻瘟病等真菌病害较为严重。甘蔗易得叶斑病。

四 硅肥种类

1.熔渣硅肥

目前国内外施用的硅肥大多为炼钢炼铁的副产品高炉熔渣经过机械磨细（过100目筛）而成的熔渣硅肥，该种硅肥的有效硅含量与细度有关。每亩地用量为50~100千克。日本、韩国、泰国、马来西亚等产稻国家对熔渣硅肥的施用量也较大。我国其他地区以前也施用熔渣硅肥，增产效果较好。但是由于施用量大、农村运输不便，未能大面积推广应用。熔渣硅肥为缓效性硅肥，一般作为基肥施用。熔渣硅肥除适宜水稻、甘蔗等喜硅作物以外，还适宜喜钙作物如豆科作物。

2.高效硅素化肥

由南京农业大学资源与环境科学学院马同生教授等发明的硅肥，以泡花碱（水玻璃）为原料经过喷雾干燥法制成。该种硅肥为全水溶性白色粉末状，是过二硅酸钠和偏硅酸钠的混合物，不含其他副成分，水溶性SiO_2含量50%~56%。每亩用量为6千克，可做基肥与追肥施用。如做追肥最好在拔节前施用。但由于每吨售价3 000~4 000元，因而未能推广应用。

3.新型高效硅肥

由南京农业大学资源与环境科学学院梁永超教授团队研制成功，其原料也是炼钢炼铁的副产品高炉熔渣。高炉熔渣经化学处理形成一种化成复合肥。有效硅（SiO_2）含量>20%，有效CaO>20%，有效MgO 5%~10%，此外还含有磷、硫、钾和其他有效态的微量元素。每亩地用量为10~30千克。成本低，效果较好。该种硅肥适宜作基肥，而作追肥最好在拔节前施用。本产品除适宜水稻、甘蔗等喜硅作物以外，还适宜喜钙作物，如花生等豆科作物。

4.含硅复合肥

含硅复合肥由复合肥添加硅肥经造粒而成。该种肥料有效硅含量一般较低,各厂生产的含硅复合肥基中有效硅含量不同。一般作为基肥施用。主要成分为液体硅酸钠和腐殖酸,两者重量比为液体硅酸钠:腐殖酸=(0.5~3.0):1;所述腐殖酸物质可以是泥炭、褐煤、风化煤,细度不小于200目。上述硅肥的生产方法是将腐殖酸物质粉碎过200目筛后与液体硅酸钠混合搅拌,经造粒机造粒,再经干燥得硅肥。上述的硅复合肥由硅肥再配以氮肥、磷肥、钾肥、微量元素混合组成;各组分的重量百分比为硅肥:氮肥:磷肥:钾肥:微量元素=(10%~35%):(30%~35%):(20%~35%):(10%~25%):1%;所述氮肥可以是尿素、氯化铵;磷肥可以是过磷酸钙、钙镁磷、磷酸一铵、磷酸二铵;钾肥可以是氯化钾、硫酸钾;微量元素可以是硼、钼、锌、硫等;磷酸一铵与磷酸二铵也可同时作为氮肥和磷肥进入配方。其优点:液体硅酸钠与腐殖酸物质作用形成硅酸,有效硅含量高,易溶于水,易于植物根部吸收。配合氮、磷、钾及微量元素制成硅复合肥后,养分更为全面。有增强植物抗逆性、抗病虫侵害、增加作物糖分、提高产量、改良品质、改良土壤等优点。

五 硅肥施用关键技术

为了促进植物生长发育良好,提高抗倒伏、抗病害、抗干旱,促光合作用,促根系生长发育,促养分有效利用,施用硅肥需做好以下几点:

(1)做好基肥的管理工作

在施撒基肥的时候,除了要施撒氮肥、磷钾肥,也要混合施用硅肥,在配比肥料的时候,要按比例进行,不要过于随意和盲目,按比例混匀、一同施撒可以帮助作物吸收硅元素,也能改善土壤。

(2)施撒叶面肥

施撒叶面肥是最为广泛和通用的一种补硅的方式,在作物不同时期施用的肥料浓度也不同。因此,掌握好叶面肥的施用量、施肥时期,有助于为作物有效施用硅肥。

此外,要注意混用叶面肥与其他肥料。通过硅肥与其他肥料混合施用，能够快速提高硅肥利用效率。相关研究发现，叶面肥施撒补硅比土壤中施撒补硅更利于植株的吸收，但易受到环境的影响和限制，另外也会因施撒过多造成叶面肥料残留，影响光合作用，进而造成作物减产和品质的降低。

第六节　功能性肥料及其应用关键技术

一　改酸肥料

土壤酸化，指的是土壤复合体接受了一定数量的交换性氢离子和铝离子，使土壤中碱性（盐基）离子淋失的过程。酸化是土壤风化成土过程的重要方面，会导致土壤pH降低，形成酸性土壤，影响土壤中生物活性，改变土壤中养分形态，降低养分有效性，促使游离的锰离子、铝离子溶入土壤溶液中，对作物产生毒害作用。土壤酸度包括两种类型，活性酸是土壤溶液中氢离子浓度的直接反映，其强度用pH来表示，土壤pH越小表示土壤活性酸越强。另一种潜性酸，由交换态的氢离子和铝离子等离子决定。当这些离子处于吸附态时，潜性酸不显示出来；当它们被交换入土壤溶液后，增加氢离子浓度，才显示出酸性来，这是可逆的过程。

1.影响土壤pH的因素

土壤pH取决于土壤母质成分，以及该母质所经历的风化反应。在温暖、潮湿的环境中，随着时间的推移，土壤会发生酸化，因为风化的产物会被横向或向下穿过土壤水浸出。在干燥气候中，土壤风化和浸出的强度较低，土壤pH通常为中性或碱性。

土壤酸化是农业加速的自然过程，简单来说就是土壤中碱性离子大量流失导致pH下降的过程。

主要原因有：一味追求产量，长期过度消耗土壤养分，土壤全年无歇，导致土壤贫瘠和酸化；多雨季节雨水冲刷及灌溉方式不当导致钙、

镁等碱性盐基的大量流失；大气污染所形成的酸雨也会对土壤酸化造成一定影响。

(1)土壤酸度来源

降雨:降雨平均pH为5.6,由于大气中的CO_2与水结合形成酸性碳酸,其酸性稍强。当这种水流过土壤时,会导致土壤中的碱性阳离子以碳酸氢盐的形式浸出,这增加了Al^{3+}和H^+相对于其他阳离子的百分比。根系呼吸和微生物对有机物的分解会释放CO_2，这会增加碳酸浓度和随后的浸出。

植物生长:植物以离子的形式吸收养分(如NO_3^-、NH_4^+、Ca^{2+}、$H_2PO_4^-$),通常吸收的阳离子多于阴离子。然而,植物必须在其根部保持中性电荷。为了补偿额外的正电荷,它们会从根部释放H^+。一些植物还向土壤中渗出有机酸,酸化其根部周围的区域,以帮助溶解在中性pH下不溶的金属养分,例如铁。

肥料的施用:铵(NH_4^+)肥通过硝化过程在土壤中反应形成硝酸盐(NO_3^-),并在此过程中释放H^+。此外,为了提高农作物产量,大量施用酸性肥料、偏施氮肥等错误施肥方式也会导致土壤酸化。

酸雨:化石燃料的燃烧将硫和氮的氧化物释放到大气中。它们与大气中的水发生反应,在雨水中形成硫酸和硝酸。

氧化风化:一些原生矿物的氧化,特别是硫化物和含有Fe^{2+}的矿物,会产生酸性。

矿山弃土:由于黄铁矿的氧化,一些矿山弃土附近的土壤会形成严重的酸性条件。在积水的沿海和河口环境中自然形成的酸性硫酸盐,使土壤在排水或挖掘时会呈高度酸性。

(2)土壤碱度来源

第一，含Na^+、Ca^{2+}、Mg^{2+}和K^+的硅酸盐、铝硅酸盐和碳酸盐矿物的风化;第二,向土壤中添加硅酸盐、铝硅酸盐和碳酸盐矿物,可能由于其他地方被风或水侵蚀的物质沉积，或土壤与风化程度较低的物质混合,例如在酸性土壤中添加石灰石;第三,添加含有溶解碳酸氢盐的水,例如用高碳酸氢盐水灌溉。

当没有足够的水流过土壤以浸出可溶性盐时，就会发生土壤中碱度的积累（如Na^+、K^+、Ca^{2+}和Mg^{2+}的碳酸盐和碳酸氢盐）。这可能是由于干旱条件或内部土壤排水不良，导致大部分进入土壤的水被植物吸收或蒸发，而不是流经土壤。

当总碱度增加时，土壤pH通常会增加。例如，增加碱性土壤中钠的含量会导致碳酸钙溶解，从而增加pH。钙质土壤的pH在7.0~9.5变化，具体取决于Ca^{2+}或Na^+支配可溶性阳离子的程度。

2.植物pH偏好

一般而言，不同作物适应不同pH范围的土壤。例如，钼含量低的土壤可能不适合pH为5.5的大豆植物，但钼含量充足的土壤可以在该pH下实现最佳生长。同样，如果提供足够的磷、钙化剂，不耐受高pH土壤的植物可以耐受钙质土壤。

美国农业部植物数据库给出了一些常见植物的合适土壤pH范围（表8–5）。

表 8－5 常见植物的适宜土壤 pH 范围

科学名称	通用名称	pH（最小值）	pH（最大值）
茯苓	香根草	3.0	8.0
硬皮松	松	3.5	5.1
悬钩子	云莓	4.0	5.2
凤梨	菠萝	4.0	6.0
阿拉比卡咖啡	阿拉伯咖啡	4.0	7.5
乔木杜鹃	光滑的杜鹃花	4.2	5.7
山核桃	胡桃	4.5	7.5
罗望子	罗望子	4.5	8.0
越橘	高丛蓝莓	4.7	7.5
万寿菊	木薯	5.0	5.5
桑白皮	白桑	5.0	7.0
海棠	苹果	5.0	7.5
樟子松	苏格兰松	5.0	7.5
番木瓜	番木瓜	5.0	8.0

续表

科学名称	通用名称	pH(最小值)	pH(最大值)
梨	普通梨	5.2	6.7
番茄	番茄	5.5	7.0
番石榴	番石榴	5.5	7.0
夹竹桃	夹竹桃	5.5	7.8
石榴	石榴	6.0	6.9
堇菜	普通蓝紫罗兰	6.0	7.8
枸杞子	枸杞子	6.8	8.7
仙人掌	巴巴里无花果(刺梨)	7.0	8.5

3.增加酸性土壤的pH

石灰通常用于酸性土壤以增加土壤pH。改变pH所需的石灰石或白垩的量取决于石灰的数量和土壤的缓冲能力,磨细的石灰会与土壤氢离子快速反应。土壤的缓冲能力取决于土壤的黏土含量、黏土类型和存在的有机质含量,可能与土壤阳离子交换能力有关。黏土含量高的土壤比黏土含量少的土壤具有更高的缓冲能力,有机质含量高的土壤比有机质含量低的土壤具有更高的缓冲能力。具有较高缓冲能力的土壤需要更多的石灰才能实现等效pH变化。土壤pH的缓冲能力通常与土壤溶液中铝含量直接相关,并作为阳离子交换容量的一部分占据交换位点。这种铝可以在土壤测试中测量,用盐溶液从土壤中提取,然后通过实验室分析进行量化。使用初始土壤pH和铝含量,可以计算将pH提高到所需水平需要的石灰量。

除石灰外,可用于增加土壤pH的改良剂包括木灰、工业氧化钙(烧石灰)、氧化镁、碱性矿渣(硅酸钙)和牡蛎壳。这些产品通过各种酸碱反应增加土壤的pH。硅酸钙通过与H^+反应形成中性溶质单硅酸(H_4SiO_4)来中和土壤中的活性酸度。

4.应对土壤酸化合理施肥

(1)尿素和铵态氮肥与硝化抑制剂配施

铵态氮肥中的NH_4^+在土壤中通过硝化反应生成H^+会提升农田土壤酸

化速度，是土壤酸化的主要机制。如果采取相应措施抑制或减少硝化反应，就可以从源头控制或减缓铵态氮肥加速土壤酸化的程度。有研究表明，在室内试验条件下，双氰胺等硝化抑制剂可以抑制酸性土壤中的硝化反应。此外，硝化抑制剂配合尿素施用还能够提高酸性土壤pH，因为尿素在水解过程中会消耗H^+。目前这一技术有待田间试验进一步验证。

（2）减施化肥并增施有机肥

大量施用铵态氮肥是导致农田土壤酸化加速的主要原因，因此需要逐渐减少铵态氮肥的施用量，适当增施有机肥。研究表明，长期施用有机肥或配合施用有机肥和化肥可以使土壤酸碱保持平衡，减轻土壤酸化程度，是由于有机肥含有一定量的碱性物质。长期施用有机肥还能够提高土壤有机质含量，进而提高土壤的酸缓冲容量，最终明显提高土壤抗酸化的能力。但因为存在部分畜禽粪含重金属以及抗生素等污染物，选择有机肥时要注意考虑环境因素与一定的健康风险，避免有害物质进入酸性土壤。有机肥施用量，尤其是有机肥与化肥的合理配施比，有待进一步研究，要保证作物不减产，同时要维持化肥产酸与有机肥耗酸的基本平衡，确保土壤酸度能够基本稳定。

（3）合理的水肥管理

铵态氮硝化会产生NO_3^-，易随水淋失，是加剧土壤酸化的重要原因。所以实际生产中，需要进行合理的水肥管理，以尽可能减少NO_3^-淋失，同时减缓农田土壤酸化，这是国外控制长期施用氮肥引起农田土壤酸化的常用措施。例如，在合理的时间将肥料施入土壤，尽可能使肥料为作物吸收利用。此外，通过确定氮肥的合理施用量，也能够降低氮肥损失，起到减缓土壤酸化的作用，因为大量施用氮肥会造成氮肥在土壤中的淋失和残留。在酸性土壤地区使用缓释肥料同样能够减少氮肥损失，提高氮肥利用率，减缓土壤酸化。

（4）以硝态氮肥替代铵态氮肥用于设施农业生产

作物吸收硝态氮，根系可以释放氢氧根离子，从而中和根际土壤的酸度。澳大利亚学者据此研究得出生物方法改良酸性土壤。国内已有的相关研究也表明，施用硝态氮肥后，作物通过根系和土壤的相互作用可以提高土壤pH。所以,用硝态氮肥替代铵态氮肥能够从源头阻断氮肥在土壤中生成酸。而硝态氮肥的售价较高,在高温多雨的热带和亚热带地区的土壤中容易发生淋失,在设施农业条件下种植蔬菜、瓜果等高附加值农产品,可以优先考虑施用硝态氮肥,降低氮肥对土壤酸化的影响程度。大多数的蔬菜和瓜果属于喜硝作物,偏好吸收硝态氮,所以施用硝态氮肥还能够提高氮肥利用率。

(5)积极研发和推广农作物秸秆炭化还田技术

农作物秸秆通过热解炭化制备成的生物质炭是一种优良的酸性土壤改良剂,既能够在短时间中和土壤酸度,提高土壤pH,又可以在很大程度上提高土壤的酸缓冲容量和抗酸化能力,对改良酸化土壤和阻控连续过量施用化学肥料造成的土壤再酸化都起到良好的效果。相比秸秆传统的直接还田,炭化还田有诸多优点,例如减量化、养分富集、有机物不易分解等。此外,施用生物质炭能够改良土壤理化性质,增强土壤肥力。但目前常见的做法多数是在固定场所收集秸秆再进行炭化处理,成本较高且推广困难。因此需要加强研发秸秆就地在田间炭化、机械化与炭化还田一体技术的进度,降低秸秆炭化的操作成本。

5.酸化土壤的改良技术措施

施用石灰是传统改良酸性土壤且有效的方法,在国内外都已经得到普遍应用,但该方法也存在一些弊端。因此,针对我国农田土壤酸化的特点,需要研究改良酸性土壤的新技术。

(1)表层与表下层土壤酸度的同步改良技术

碱渣是氨碱法生产纯碱的副产物, 含有大量的碳酸钙和少量碳酸镁,几乎不含有害物质,可以作为改良剂用于酸性土壤。有研究表明在土壤表层施用碱渣可以实现同步改良表层和表下层土壤酸度。主要反应机制是碱渣中的硫酸根和氯离子促进了钙、镁等盐基阳离子在土壤剖面中的迁移。例如,配合施用碱渣和农作物秸秆等农业废弃物,能有效改良表下层酸性土壤。

(2)不同无机改良剂的配合施用

配合施用石灰等碱性改良剂和富含养分的工业废弃物,既能中和土壤酸度又可以提高土壤中的养分含量。如农作物秸秆等通过生物质发电生成的灰渣中含有大量的钙和钾,猪骨经过提取胶原蛋白后的骨渣中含有丰富的磷。将其和碱渣配合施用,不仅可以明显改良酸性土壤,提高土壤pH,增加磷、钾、钙和镁等养分的含量,而且能够促进农作物对养分的吸收,提高农作物产量。

(3)酸化土壤的有机改良技术

作物秸秆等农业废弃物及经过制备产生的生物质炭、有机肥等均富含一定量的碱性物质,但其碱含量比石灰等无机改良剂的要少,可以用作较温和酸性土壤改良剂应用于中等酸化程度的土壤。这部分有机改良剂可以提高土壤有机质和养分含量,改善土壤理化性质,提高土壤肥力。

(4)大力推广酸化土壤的综合改良技术

土壤酸化的同时,会导致土壤肥力退化以及养分缺乏等问题,现阶段使用单施石灰的方法能有效降低土壤酸度,但无法解决酸性土壤肥效差以及缺乏养分等问题。因此,按照一定比例配合施用石灰等无机改良剂和有机肥、秸秆或秸秆生物质炭,既能够中和土壤酸度,还可以提高土壤肥力,保持土壤养分处于平衡状态。

二 改土壤结构肥料

顾名思义,改土壤结构肥料通常指施入的肥料对土壤功能、结构方面有一定影响。一般而言,普通的化肥、有机肥、绿肥、生物质炭、微生物肥料等均能影响和改变土壤物理、化学、生物等方面性质。

1.改土壤结构肥料种类

目前侧重于土壤结构的肥料主要分有机衍生肥料和化学合成衍生肥料两大类。前者主要来源于动植物排泄物、残体等,后者则更多是人工合成的肥料,如尿素、复合肥等(表8-6)。

(1)有机衍生肥料

有机来源的肥料对植物和土壤都有好处。有机衍生肥料刺激有益的土壤微生物并改善土壤结构。土壤微生物在将有机肥料转化为可溶性养分方面发挥着关键作用,这些养分可以被植物以它们可以使用的速度吸

表 8-6 有机衍生肥料与化学合成衍生肥料比较

质量	有机（天然）	合成（化学）
采购便利	·依据所用肥料的类型,可能比合成的更昂贵 ·对于农场主来说,袋子尺寸大,不够经济	·合成肥料是最常用、容易获得的,且通常具有成本效益 ·缓控释颗粒更昂贵
易于应用	·某些有机肥料是"原始"形式,而不是颗粒,且可能需要额外的助推才能大面积使用 ·一般来说,过度使用或添加不会造成环境风险	·价格取决于生产商,特别是大规模使用下施肥机器 ·通常会过度施用,造成植物徒长,作物贪青晚熟
营养素	·具有纯天然的养分,但含量不均 ·通常存在微量营养素,提供植物所需的一些微量养分	·营养量较准确 ·可根据特定作物需求配制混合肥料 ·土壤中可能会积聚高浓度的养分,易通过淋溶、径流等损失 ·通常不含必要的微量元素 ·若含有水溶性铁,易造成土壤变红
营养释放率	·营养物质以植物可以使用的速度释放,大大减少了浸出或径流的机会 ·土壤中的微生物分解释放营养有机物质 ·较少的包膜等材料加工,减少工作量 ·受控生长不会过度刺激植物,促进更强壮的根系生长以获得更好的抗病虫害能力 ·取决于土壤温度:较冷的土壤=较慢的释放速率,这对应于植物吸收养分的速率 ·耗尽有益微生物的劣质土壤可能会延迟结果	·合成肥料为提供了快速但短暂的养分爆发,这可能会导致快速生长,但会以强大的根系为代价 ·通常在 2 周内效果明显 ·大多数形式溶于水 ·营养物质释放得很快,因此需要更多的方法以便降低其释放速度 ·有多种形式可供选择:丸剂、颗粒剂、液体剂、片剂、尖刺剂和控释剂

续表

质量	有机（天然）	合成（化学）
对土壤的影响	·促进健康的土壤生态系统 ·提供分解、释放植物可利用的养分和微生物活动所需的有机物质，这些对于肥沃的土壤都很重要 ·改善土壤质地，增加保水性，这在干旱条件下尤为重要	·合成肥料对生态系统或土壤结构的贡献很小 ·实际上可能由于化学氮刺激过度的微生物生长而降低土壤肥力，随着时间的推移，这会耗尽土壤中的有机物质
工厂安全	·在大多数情况下，不会烧毁植物的叶子或根 ·粪便应该堆肥以获得最大的安全性	·由于高浓度的化学营养物质（盐），不正确或过度使用可能会烧毁植物 ·可能导致过度的顶部生长和压力根
环境安全	·最少的（如果有的话）径流或浸出	·由于水会释放养分，大量养分可能会因径流和浸出而流失，有时高达三分之一

收。有机衍生肥料通常提供植物所需的次要和微量营养素，而合成肥料通常不存在这些。有机衍生肥料中的氮、磷、钾通常比合成肥料低，但它们为植物提供更长的营养供给时间。有机衍生肥料主要以腐殖酸改土肥料为主，通常采用腐殖酸、木质素和常规氮磷钾肥料为主要原料，制得具有改土作用的缓释性肥料，能够改善土壤结构、提高土壤保水保肥性能，能够防治土壤板结，尤其对盐碱地具有较好的改良效果。

（2）合成衍生肥料

合成衍生肥料以起效快著称，通常具有多种形式，如液体、颗粒和尖峰。合成肥料是水溶性的，几乎可以立即被植物吸收。虽然这提供了快速的营养和快速绿化，但颜色不会像使用有机肥料那样持久。农业生产者必须定期重新施用合成肥料以防止结果褪色。合成肥料虽然可以快速提供植物生长发育所需的养分，但对刺激土壤生命、改善土壤质地或提高土壤的长期肥力方面效果较弱。主要是由于其高度水溶性，可以随水渗入地下水，造成合成肥料的养分损失。

2.改土壤结构肥料施用方法

改土壤结构肥料主要分为有机衍生肥料、合成衍生肥料两大类。合成衍生肥料施用方法与前文其他肥料大体一致,故在本章节主要对有机衍生肥料进行重点阐述,如腐殖酸改土肥料。

一般改土肥料撒施在田间地表或农作物种植沟,耕翻,施用量在20~150千克/亩。作为追肥施用方法如下:将肥料在作物根系附近开沟追施,施用量每次在15~50千克/亩,作物生长期内施用1次。

具体试验效果:大量试验表明腐殖酸缓释改土肥料使用效果明显,具有使作物显著增产、改善品质、减少病虫害和改良土壤的效果。在粮食作物上,与使用等价值的常规肥料相比,腐殖酸改土肥料能够使小麦增产6%~15%,玉米增产8%~12%,水稻增产5%~21%。在经济作物上,该肥料能够使棉花增产10%左右,棉花品质明显改善;使花生增产9%以上,花生出油率提高2%左右;而在果树上效果更加明显,能够使产量增加10%以上,显著改善品质。

合理施用该土壤结构肥料,不仅能够起到化学肥料的效果,而且能够改良土壤,维持土壤可持续高产能力,还能显著提高肥料利用率,有效防止因施肥造成的环境污染,有利于环境保护。

三 保水肥料

肥料是农业生产中的重要影响因素,水也是极为关键的因素之一。世界上仍然存在大面积的干旱、半干旱和沙漠地区,这些地区常年干旱缺水,雨季时期降水多数流失或蒸发,灌溉水通常也因为蒸发、渗透等而损失,水分无法被充分利用,且成本较高,水资源缺乏以及利用率低的问题日益加剧,已经成为阻碍这些地区农业生产发展的严重性问题。

肥料及水分是限制农业生产发展的重要因素,所以提高肥料中的养分含量以及水资源的利用率至关重要。在过去的几十年里,已经研发了多种缓释肥料。这些肥料分为三种类型:第一类是基质型配方,根据其简单的制造而构成缓释或控释肥料;第二类调节肥料释放的包膜肥料,即肥料芯被惰性材料包裹,通过外壳控制肥料的释放;第三类是通过化学控释产品实现的，例如脲醛、聚磷酸盐。

1.保水肥料相关技术

(1)保水剂

保水剂的作用包括提高土壤吸水、持水能力，增强土壤保水能力，改良土壤结构，提高肥料利用率。这是一种交联密度很低、不溶于水、吸水膨胀的高分子化合物。按制品形态可分为粉末状、膜状和纤维状等；按研制原料可分为淀粉系（淀粉接枝、羧甲基化等）、纤维素系（纤维素接枝、羧甲基化）和合成聚合系（聚丙烯酸系、聚乙烯醇系等）3种；按保水剂的成分可分为两大类：丙烯酰胺–丙烯酸盐共聚交联物（聚丙烯酰胺）和淀粉接枝丙烯酸盐共聚交联物（聚丙烯酸钠、聚丙烯酸钾、聚丙烯酸铵、淀粉接枝丙烯酸盐等）。

聚丙烯酰胺呈白色颗粒状晶体，该产品的特点是使用周期和寿命均较长，在土壤中的蓄水保墒能力可维持4天左右，在造林中当年的吸水倍率维持在100~120倍，但吸水能力会逐年降低。聚丙烯酸钠为白色或浅灰色颗粒状晶体，其主要特点为吸水倍率高，在造林中当年的吸水倍率为130~140倍，吸水速度快但保水性能稍弱，只能保持2天有效。淀粉接枝丙烯酸盐为白色或淡黄色颗粒晶体，特点是吸水倍率和吸水速度等性状较好，用于造林时，吸水倍率为150~160倍，但使用寿命短，只有1天左右。

有研究表明保水剂可以提升土壤保肥能力，从而减少肥料损失，提高肥料利用率。不过单独使用保水剂不仅会增加农业生产成本，保水剂用量小也难以和肥料充分接触从而影响水肥效益。因此需要综合考虑农业生产中两个重要的因素：水分和肥料，可以运用物理、化学方法将肥料与保水剂复合一体化，以增强作物抗旱能力，减少养分淋失，提高肥料利用率，充分发挥水肥的协同效应。由于保水剂安全且无毒，施入土壤后可以被微生物逐步分解，不会对环境造成不良影响。

水溶性保水剂特性是水溶液黏度大，有絮凝作用、水合作用，可以吸附离子，应用于保水、保肥等方面效果良好。而添加水溶性保水剂的保水缓释肥料会具有一定的保水性能，从而可以降低肥料养分淋出率，减缓养分释放，降低养分淋溶损失，具有一定缓释效果。

(2)吸水剂

吸水性高分子又称作吸水剂,是一种可以从空气或土壤等自然环境中吸收超过自身重量数倍水分的一类高分子聚合物,这类聚合物一般都含有较强亲水性的基团,例如—OH、—COOH、—$CONH_2$、—NH_2、—SO_3H、—PO_3H、—SO_2H等。例如,树脂接触水,水分子会利用毛细管和氢键作用进入树脂内部,—COOH等亲水基团在水分子作用下会进行电离,高分子链带负电,相互之间会产生排斥,使得高分子内部发生扩张。电离所得阳离子聚集在带有负电荷的高分子内部,随着持续电离,阳离子浓度越来越大,会同时增加树脂内部渗透压,在其作用下,大量水分子进入树脂内部使其溶胀直到平衡。这类聚合物吸收水分后,水分子被封闭在聚合物的内部网络中,水分不易流失从而起到保水的作用,从而能够有效提高土壤含水量,提高作物对养分的利用率,改善土壤理化性质,一定程度上提高种子的发芽率。在我国,对高吸水聚合物的研究以及利用工作已经开展多年,目前主要包括节水保湿、作物移植、改良土壤、种子包衣等领域的应用。

(3)高吸水性树脂

高吸水性树脂是一种新型的功能高分子材料,能够吸收自身重量的几十倍甚至几千倍的水,即便在加压条件下仍具有较强的吸水、保水性能。因其独特的化学成分、物理结构以及吸水保水性能,高吸水性树脂可以应用于农田抗旱保水、改良土壤、作物保苗、保肥增效等方面,是较好的土壤改良剂以及农业生产中保水抗旱的新型材料。所以,近几年出现的集成缓释/控释肥料技术与高吸水性树脂于一体的具有吸水保水功能的缓释/控释肥料能够提高肥料的利用率、保水增效,已经成为化肥革新和研究的热点。但是该材料价格过高,是常规肥料的3~8倍,我们可以采用高吸水性树脂与尿素、微量元素、除草剂、杀虫剂等非离子性农用物料复配的方法,尽可能减少肥料对高吸水性树脂吸水和保水性能的影响。

2.保水缓释肥料应用效果

(1)提高农作物产量

保水缓释肥料能明显促进农作物的生长发育,利用肥料的保水和缓释功能，可以合理用于植物生育、生长促进剂以及苗木移植保水等，同时能够增加植物叶绿素含量、叶片面积进而提高农作物产量。干旱地区利用保水剂和氮肥互作能够促进马铃薯光合效率、生物积累量，增加块茎产量，同时耗水量比对照组降低43.6%，耕层土壤水分含量比对照组增加30.6%。包膜尿素能显著提高玉米产量，增幅为14.7%~20.0%。

（2）提高肥料利用率

大量田间试验结果表明，各种类型的保水缓释肥料，均能不同程度提高肥料利用率，同时减少肥料用量。保水剂混合尿素、磷肥使用让玉米对尿素和磷肥的利用效率分别提高了18.72%和27.06%。保水长效复合肥能够延长灌水间隔期，使养分释放完全，保蓄养分，促进植物提质增产。

（3）保护生态环境

普通化肥施用过程中氮肥大量浪费主要由于氮的淋溶损失，除了增加农业生产成本还会污染水环境，同时影响水生物的正常生长。合理施用保水缓释肥料能够有效减少淋溶损失。施用含有硝化抑制剂的肥料，小白菜的硝态氮含量显著降低，降低了15.8%以上。

3.保水型缓释肥料存在的问题

保水型缓释肥料具有提高肥料利用率，减少经济损失，节省农业用水，有效降低肥料对环境污染的程度，提高作物产量等优点，是国内外研究的热点。不过，在使用性能以及推广等方面保水型缓释肥料还存在一些问题，主要包括：①保水缓释肥料和吸水保水材料在吸水保水性能上有较大差距，主要原因是当前的肥料一般是电解质类的，很大程度上会影响高吸水树脂的吸水倍率；②保水型缓释肥料的成本高，售价高昂，推广存在较大困难；③保水型缓释肥料因为吸水保水性能存放困难，无法长期保存；④目前对于保水型缓释肥料养分释放机制和释放动力学等理论研究较为缺乏；⑤合成系高吸水性树脂，降解性较差，会残留在土壤中，长时间大量施用会对土壤造成较大损害，但是天然可降解高吸水性树脂的使用性能会差很多；⑥高吸水树脂在土壤中会生成凝胶，其强度大幅降低，作为包膜层易出现漏洞，养分缓释性能不均匀，无法达到理想效果。

4.保水型缓释肥料发展前景

保水型缓释肥料不论在我国干旱、半干旱地区,还是南方的季节性干旱地区,对于在大田粮食、经济作物、果树栽培,以及园林绿化、防风固沙、水土保持等方面应用均有广阔前景,能够节约水肥资源,减少废弃物污染,改善生态环境,提质增产,对农业可持续性发展有相当重要的意义。其发展趋势和研究方向主要有以下几点:①寻找低成本的原材料,优化精简合成工艺,尽可能降低生产成本;②加强对于理论知识的学习研究,例如养分释放和保水等问题相关机制的研究;③研发能够降解的改性天然系高吸水树脂作为包膜层的保水型缓释肥料;④提高保水型缓释肥料耐盐性以及吸水后的使用效果;⑤合理有效地控制其给社会、经济和环境保护带来的各方面效应。